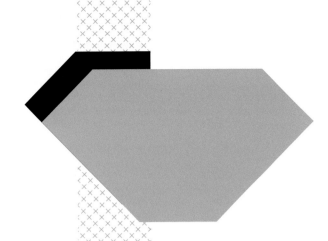

国|际|环|境|设|计|精|品|教|程

Performance Techniques of Perspective

透视表现技法

[日] 藤原成晓 / 著
牛冰心　曾先国　李茵　乔国玲 / 译

前言 “手绘”的重要性

视觉是人的五感中吸收信息最多的。追溯到远古时代，从留下来的那些洞穴壁画中，我们得知当时的人类也是利用视觉来记录生活行为的。

人，从受精过程的开始到出生前，在母体内随着时间的推移进行衍变进化，在脑内形成了记忆。据说记忆是人类经过了近六亿年进化而形成的功能。同样，在胎儿的成长过程中，脑和眼的形成也是非常重要的。并且，脑和手也有着密切的关联，手还被称为是第二个大脑。

手绘可以让大脑活跃，从而迸发出各种灵感。在物体映入眼帘后，通过手把形象表现到纸上，这样可以更方便大脑记忆，也更能够抓住物体的主要特征。

今天，在设计和建筑的世界里，电脑成为了主流应用工具，它与 CAD、CG 的迅速发展让人惊叹不已。大约十年前，在制图板上用铅笔和尺子进行手工绘图还非常普遍，现在早已作为“古老”的制作方法几乎销声匿迹了。

但是，正因为时代的发展，才会让人深感写生速写和素描，既是不可或缺也是功不可没的。也正因为电脑得到了广泛的应用后，人类对写生速写和素描这些手绘技能就更具有特殊的感情了。

有所感就不要踌躇，用率直的心情进行手绘，来触发灵感。完美成功地作画是次要的，重要的是“边走、边看、边画”。

目录

本书的目标和构成

本书不仅以学习建筑设计和要立志成为设计师的人群为读者对象，同时也适合绘画爱好者及喜爱手工制作的朋友阅读。首先行动起来进行手绘，然后如果能够体验到手绘带来的快乐并体会到手绘的重要性，即达到了本书的目的。本书共包含四章内容，概要如下。

1. 推荐写生速写（01 从动手开始）

接触实物，然后不厌其烦地进行手绘。与实物对话，让自己在实际的空间中直接感受，这是触发灵感的导火索。设计师的品位修炼要从手绘开始，写生速写是非常重要的方法。

2. 常用速写（02 设计速写）

进行建筑设计时，如何让自己的思维更加丰富，把脑海中大概的“轮廓”，用速写的手法表现出具体的“形状”是十分重要的，也是在进行设计时必不可少的思考过程。在此将介绍各种各样的速写。通过速写的方式制作透视图，可以在画面上呈现出“新世界”。

3. 透视图制图法讲解（03 绘制透视图、点构图）

掌握了本书中介绍的各种制图方法，即可正确地描绘透视图。在此将详细介绍使用两个透视消失点来进行绘图的方法。

希望大家利用本书中的练习来巩固所学知识。

4. 透视图例介绍（04 透视图表现）

“透视图”非常适合表现在一个视点观察到的内容，与具有客观性的模型有着本质的不同。想必大家一定迫切地想去了解通过透视图可以表现什么样的作品，以及其具体的形象。在此将通过一些透视图的实例，从素描和着色两种形式分别对其进行介绍。

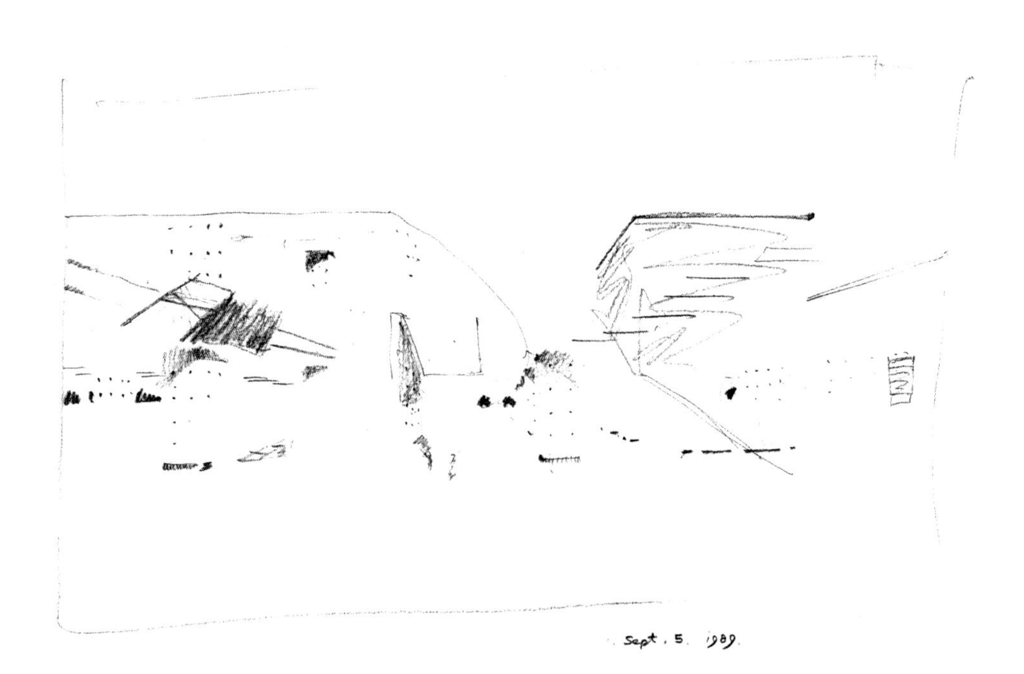
Sept. 5. 1989.

01 从动手开始

“动手”行为与机械性作图行为（描绘）不同，它包括对物体的审视、决定物体的形状以及确认物体间的关系，因此既费精力又费时间。但这也正是制作本身的价值所在。

策划、草案、设计时、完成后，几乎所有的场景中，写生速写作为传播思维的手段，都非常有效。但是，如果写生速写缺乏真实性，结果有可能就会事与愿违。为了达到真实的写生效果，平日里要留意身边的一切，伴随着感觉让我们尝试动起手来。

从身边的物品开始

描绘的基础

●—写生速写的重点

1. 不去追求完美

人总是会不由自主地关注他人的评价，试图努力画得更完美。但是，只需重拾年少时的那颗童心，跟着感觉一定会画得更好。这需要我们对物品不存在世俗的成见，用率直的心来观察对象。在这个过程中，最重要的是珍惜作画时的感受。

2. 学会概括表现

仔细观察物品的形成、构造及相互之间的关系，这样做的重点在于先抓住大概的构图，将细节放在最后处理。要先把对象分为受光部分和阴影部分，或分成不同的局部逐渐进行观察。琐碎的地方放在最后再处理也可以，如果时间不够充裕，就是放弃也没关系。

3. 描绘印象场景

不要试图去画得更多，只要切实地画出映入眼帘的景象和心中所感即可。

风景速写，只凭借印象10秒画完（日本纸+铅笔+色铅笔）

●—着色时的重点

1. 从面积大的和明亮的部位开始着色。
2. 绘制透明水彩画时，通过重复淡色更能够发挥纸张的效果。
3. 颜色与实际不同也没关系。

描绘爱犬（速写本+签字笔）

描绘身边的日常生活物品

在我们身边，可以“动手”的对象（描绘对象）无处不在。抓住映入眼帘的所有对象，或者尝试着把观察对象转移到日常生活中。不必去追求稀有，先练习通过手绘把映入眼帘的事物表现出来，在习惯这种连贯的动作后，画面中的主题也就会自然形成了。

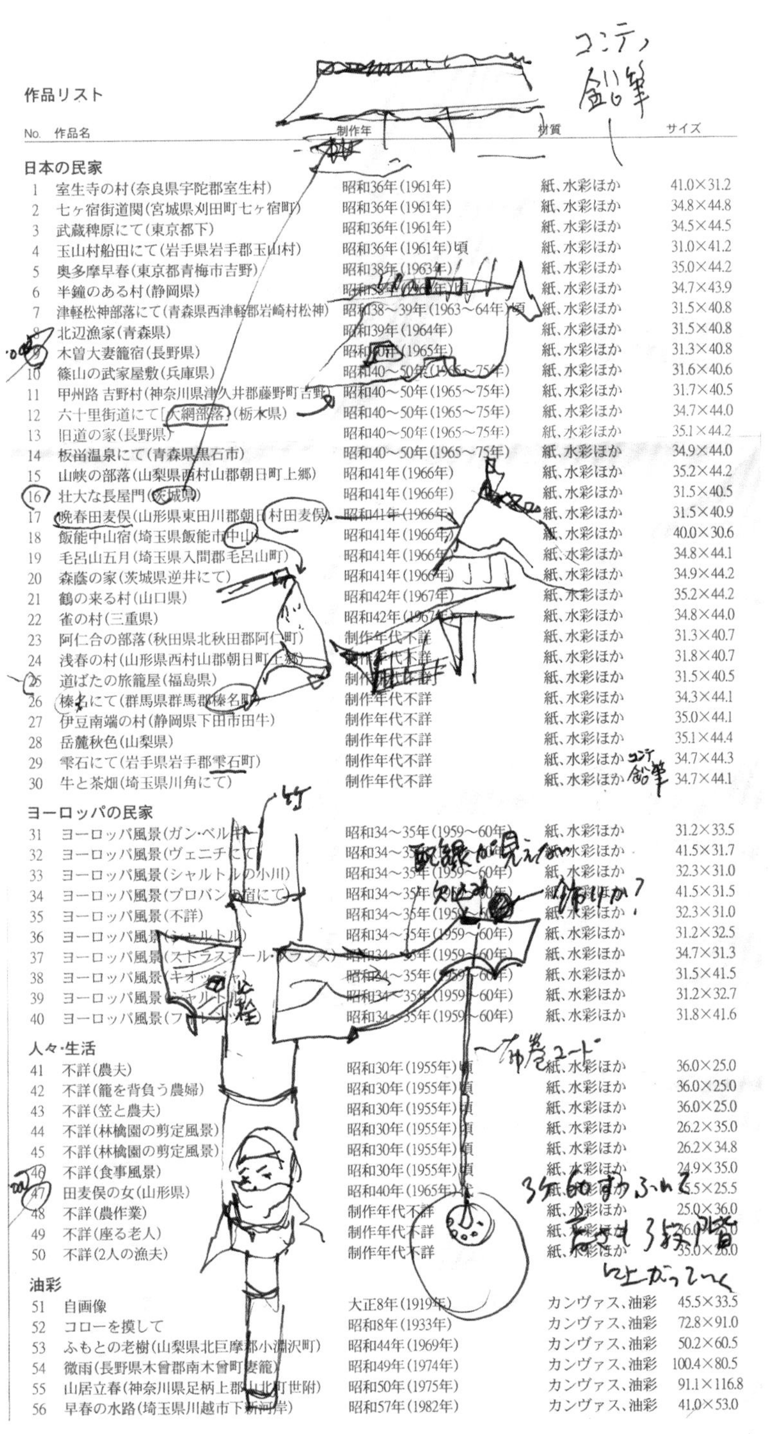

作品リスト

No.	作品名	制作年	材質	サイズ
	日本の民家			
1	室生寺の村(奈良県宇陀郡室生村)	昭和36年(1961年)	紙、水彩ほか	41.0×31.2
2	七ヶ宿街道関(宮城県刈田町七ヶ宿町)	昭和36年(1961年)	紙、水彩ほか	34.8×44.8
3	武蔵稗原にて(東京都下)	昭和36年(1961年)	紙、水彩ほか	34.5×44.5
4	玉山村船田にて(岩手県岩手郡玉山村)	昭和36年(1961年)頃	紙、水彩ほか	31.0×41.2
5	奥多摩早春(東京都青梅市吉野)	昭和38年(1963年)	紙、水彩ほか	35.0×44.2
6	半鐘のある村(静岡県)	昭和[illegible]頃	紙、水彩ほか	34.7×43.9
7	津軽松神部落にて(青森県西津軽郡岩崎村松神)	昭和38～39年(1963～64年)頃	紙、水彩ほか	31.5×40.8
8	北辺漁家(青森県)	昭和39年(1964年)	紙、水彩ほか	31.5×40.8
9	木曽大妻籠宿(長野県)	昭和40年(1965年)	紙、水彩ほか	31.3×40.8
10	篠山の武家屋敷(兵庫県)	昭和40～50年(1965～75年)	紙、水彩ほか	31.6×40.6
11	甲州路 吉野村(神奈川県津久井郡藤野町吉野)	昭和40～50年(1965～75年)	紙、水彩ほか	31.7×40.5
12	六十里街道にて[大網部落](栃木県)	昭和40～50年(1965～75年)	紙、水彩ほか	34.7×44.0
13	旧道の家(長野県)	昭和40～50年(1965～75年)	紙、水彩ほか	35.1×44.2
14	板当温泉にて(青森県黒石市)	昭和40～50年(1965～75年)	紙、水彩ほか	34.9×44.0
15	山峡の部落(山梨県西村山郡朝日町上郷)	昭和41年(1966年)	紙、水彩ほか	35.2×44.2
16	壮大な長屋門(茨城県)	昭和41年(1966年)	紙、水彩ほか	31.5×40.5
17	晩春田麦俣(山形県東田川郡朝日村田麦俣)	昭和41年(1966年)	紙、水彩ほか	31.5×40.9
18	飯能中山宿(埼玉県飯能市中山)	昭和41年(1966年)	紙、水彩ほか	40.0×30.6
19	毛呂山五月(埼玉県入間郡毛呂山町)	昭和41年(1966年)	紙、水彩ほか	34.8×44.1
20	森蔭の家(茨城県逆井にて)	昭和41年(1966年)	紙、水彩ほか	34.9×44.2
21	鶴の来る村(山口県)	昭和42年(1967年)	紙、水彩ほか	35.2×44.2
22	雀の村(三重県)	昭和42年(1967年)	紙、水彩ほか	34.8×44.0
23	阿仁合の部落(秋田県北秋田郡阿仁町)	制作年代不詳	紙、水彩ほか	31.3×40.7
24	浅春の村(山形県西村山郡朝日町上郷)	制作年代不詳	紙、水彩ほか	31.8×40.7
25	道ばたの旅籠屋(福島県)	制作年代不詳	紙、水彩ほか	31.5×40.5
26	榛名にて(群馬県群馬郡榛名町)	制作年代不詳	紙、水彩ほか	34.3×44.1
27	伊豆南端の村(静岡県下田市田牛)	制作年代不詳	紙、水彩ほか	35.0×44.1
28	岳麓秋色(山梨県)	制作年代不詳	紙、水彩ほか	35.1×44.4
29	雫石にて(岩手県岩手郡雫石町)	制作年代不詳	紙、水彩ほか	34.7×44.3
30	牛と茶畑(埼玉県川角にて)	制作年代不詳	紙、水彩ほか	34.7×44.1
	ヨーロッパの民家			
31	ヨーロッパ風景(ガン・ベルギー)	昭和34～35年(1959～60年)	紙、水彩ほか	31.2×33.5
32	ヨーロッパ風景(ヴェニチにて)	昭和34～35[illegible]	[illegible]水彩ほか	41.5×31.7
33	ヨーロッパ風景(シャルトルの小川)	昭和34～35年(1959～60年)	紙、水彩ほか	32.3×31.0
34	ヨーロッパ風景(プロバンの宿にて)	昭和34～35年[illegible]	[illegible]	41.5×31.5
35	ヨーロッパ風景(不詳)	昭和34～35年(195[illegible])	紙、水彩ほか	32.3×31.0
36	ヨーロッパ風景(シャルトル)	昭和34～35年(1959～60年)	紙、水彩ほか	31.2×32.5
37	ヨーロッパ風景(ストラスブール・フランス)	昭和34～35年(1959～60年)	紙、水彩ほか	34.7×31.3
38	ヨーロッパ風景(キオッジャ)	昭和34～35年(1959～60年)	紙、水彩ほか	31.5×41.5
39	ヨーロッパ風景(シャルトル)	昭和34～35年(1959～60年)	紙、水彩ほか	31.2×32.7
40	ヨーロッパ風景(フィレンツェ)	昭和34～35年(1959～60年)	紙、水彩ほか	31.8×41.6
	人々·生活			
41	不詳(農夫)	昭和30年(1955年)頃	紙、水彩ほか	36.0×25.0
42	不詳(籠を背負う農婦)	昭和30年(1955年)頃	紙、水彩ほか	36.0×25.0
43	不詳(笠と農夫)	昭和30年(1955年)頃	紙、水彩ほか	36.0×25.0
44	不詳(林檎園の剪定風景)	昭和30年(1955年)頃	紙、水彩ほか	26.2×35.0
45	不詳(林檎園の剪定風景)	昭和30年(1955年)頃	紙、水彩ほか	26.2×34.8
46	不詳(食事風景)	昭和30年(1955年)頃	紙、水彩ほか	24.9×35.0
47	田麦俣の女(山形県)	昭和40年(1965年)代	紙、水彩ほか	[illegible]5.5×25.5
48	不詳(農作業)	制作年代不詳	紙、水彩ほか	25.0×36.0
49	不詳(座る老人)	制作年代不詳	[illegible]	36.0×[illegible]
50	不詳(2人の漁夫)	制作年代不詳	紙、水彩ほか	35.0×26.0
	油彩			
51	自画像	大正8年(1919年)	カンヴァス、油彩	45.5×33.5
52	コローを摸して	昭和8年(1933年)	カンヴァス、油彩	72.8×91.0
53	ふもとの老樹(山梨県北巨摩郡小淵沢町)	昭和44年(1969年)	カンヴァス、油彩	50.2×60.5
54	微雨(長野県木曾郡南木曾町妻籠)	昭和49年(1974年)	カンヴァス、油彩	100.4×80.5
55	山居立春(神奈川県足柄上郡山北町世附)	昭和50年(1975年)	カンヴァス、油彩	91.1×116.8
56	早春の水路(埼玉県川越市下新河岸)	昭和57年(1982年)	カンヴァス、油彩	41.0×53.0

展览会的作品名单。可以随意找到身边的物品（报纸、广告页等）来用，记录当时自己的所见所闻（作品名单+圆珠笔）

插在花瓶中的杜鹃花。着眼于身边的每件物品。一旦开始进行描绘，一定会有新的发现（日本纸+水笔+透明水彩）

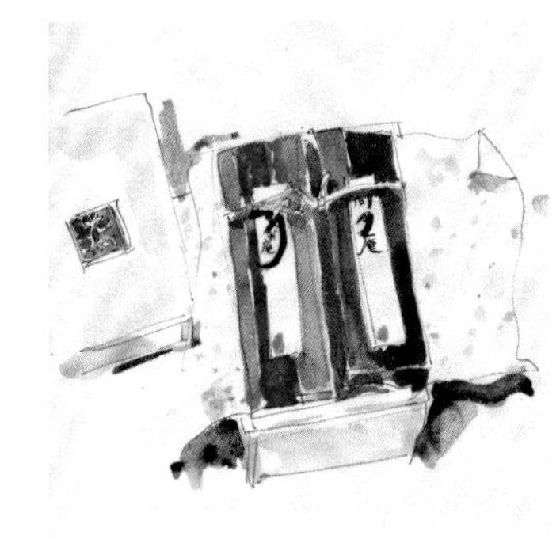

点心的包装盒。外包装的设计亮点是盒子符合手握的大小，包装纸的质地、颜色、设计要与包装带、包装盒的形状以及包装盒上的字体等相协调。一般情况下，包装盒在设计上花费的心思较多，可以作为我们学习色彩的素材（日本纸+铅笔+透明水彩）

描绘饭盒

我们身边最常接触的物品当属饭盒。将其作为手绘的对象无疑是最好的素材。画家松田正平把“画鬼容易，画犬马难”作为座右铭。正是日常生活中每天都接触的事物，反而才可能更不容易表现出来。

饭盒内的食物进入胃之后就消失了。反复描绘每天见到的饭盒，日后回看原来的作品时，一定会感受到每幅画带来的乐趣。日常生活中的饭盒、餐厅里的食物都是最贴近生活的绘画主题。

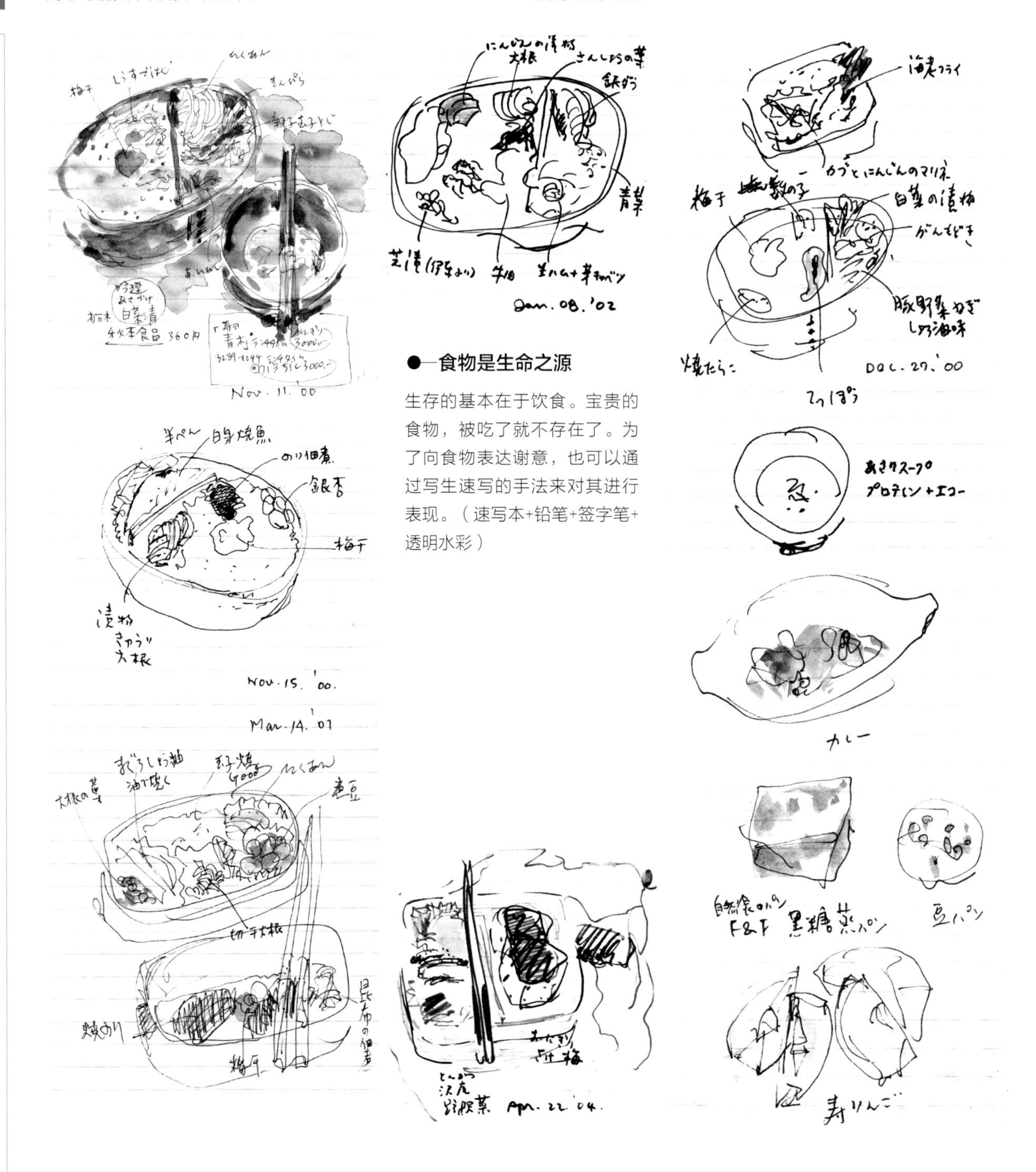

●—食物是生命之源

生存的基本在于饮食。宝贵的食物，被吃了就不存在了。为了向食物表达谢意，也可以通过写生速写的手法来对其进行表现。（速写本+铅笔+签字笔+透明水彩）

描绘酒瓶

对感兴趣的物品，无意中就会很自然地与其接近。对于喝完酒后就变得碍事的酒瓶，可以做好标记，将其作为纪念品保留下来。比如日本清酒，其酒瓶上记录了商标的设计、瓶子的形状、关于原料的信息、工艺、制造人的姓名等很多信息，都是让人非常感兴趣的。平时可以收藏一些啤酒、红酒、威士忌、白兰地、绍兴酒等的酒瓶，作为写生速写的素材。

●—读出特征

酒瓶的包装是经过精心揣摩的，商标的字体和颜色等可展现出每瓶酒的特色。每个商标上也凝聚了设计者的智慧，体现出其个性。描绘第一时间最吸引你的内容，忽略其他要素，也是帮助自己解读其特征的好方法。

为了作为纪念的一张素描（日本纸+圆珠笔+透明水彩）

瓶子和瓶塞成为一体。采用环保再利用技术制造的啤酒瓶（日本纸+铅笔+透明水彩）

采用抽象的表现手法绘制的作品（日本纸+铅笔+墨汁）

描绘景观

"自然对人类的影响以及冲击力，是无法估量的。"——谷昌恒

近年来，人类越来越难有机会去接触尚未受到污染的自然环境，但是公园、街道以至于建筑群内小小的绿地都能让人感受到自然的存在。步入这些场所，一定会感觉到眼前的景物与在电视节目及杂志上看到的不同，也一定会有意想不到的收获。在这些地方进行写生速写，必将留下美好的回忆。

●—建筑物

"培养自己对物体规模形状的捕捉能力"是学习建筑学的基本。进入真实的空间，走走看看，去呼吸这个空间中的空气。然后下意识地进行素描写生。描绘街道、建筑是捕捉物体规模感的好方法，同时也可对现场的人物进行描绘。

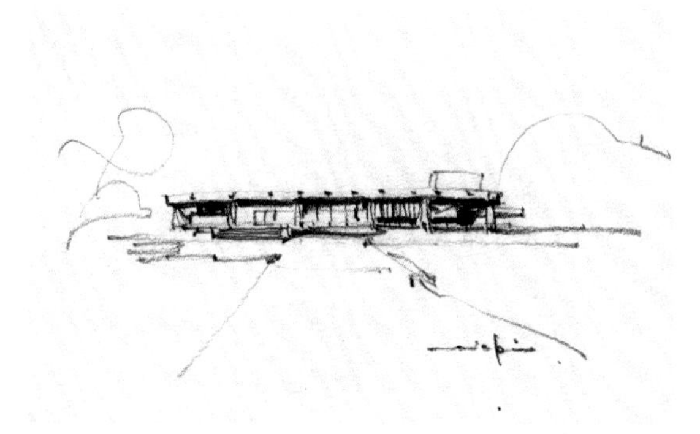

T大学的图书馆（日本纸+6B铅笔）

●—红叶映衬的公园

用随身携带的速写本进行速写练习。不必在乎细节部分，只要画出红叶的颜色就足矣。用最简单的线条进行表现。把对象看得简洁，即便是再复杂的部分也只用简洁的线条来概括。不必在乎是否画错，重要的技巧是适当拉长有气势的线条。

井之头公园的秋景（速写本+圆珠笔+透明水彩）

●—街道

这条街没有所谓的三个障碍物（电线杆、招牌和自动售货机）。从实际画面看，这条街道正因为没有这些障碍物才显得更加美丽。

T新城（日本纸+铅笔+硬笔+水彩）

手工绘制信件

尽可能多地创造平日描绘的机会。对收信人来讲，信件能让人激动。在此推荐手工绘制的信件。在感谢信以及问候近况等简短的信件中加上手绘，可以更率直地向对方表达自己的情感。在仅仅用语言难以表达自己的心情时，可以寄送一张手工绘制的信件，一定能让对方心生温暖。

注意空白、绘图、文字的平衡（明信片+铅笔+透明水彩）

●—绘画与语言相辅相成的效果

在不同时节收到的各种礼物，都可以作为绘画的素材。向对方表示收到礼物的同时，手工绘制的信件主题也可充分地表达感谢之情。

●—手工绘制信件的随意性

不局限于呆板的方法、固定的模式，是手工绘制信件的特点。身边放好信纸和绘画用具，为了随时都能够手工绘制信件做好准备。

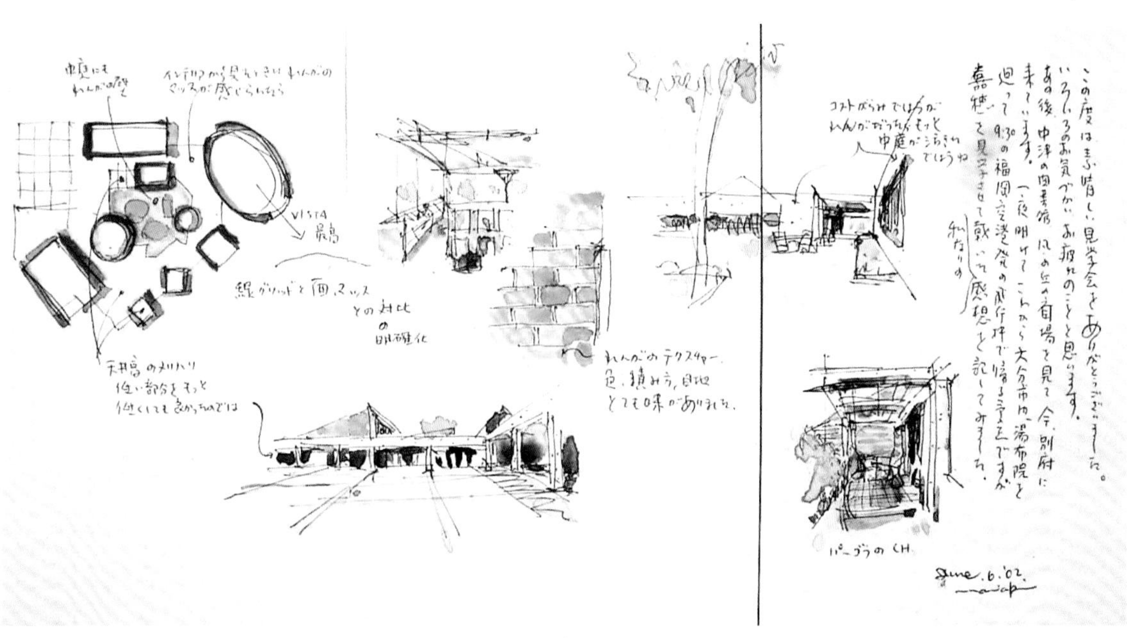

用一张明信片无法写完，所以使用了三张明信片（明信片+圆珠笔+透明水彩）

推荐使用的速写本

我的速写本

我平时随身携带的不是素描册，而是与手掌同尺寸的、B6白底、80页左右的速写本。不大不小，最适合握在手中，近25年来我基本上一直在使用这样的速写本。

如果再同时佩带小型随身装固体水彩颜料、透明洗笔杯和文具笔就更完美了，可以走到哪儿画到哪儿。并且，如果携带浆糊和裁纸刀，还可以把入场券、宣传册等剪贴到速写本上，随时随地完成工作。

这样做主要是为了自己收集信息、备忘记录、用于回忆等，如果一味地追求美感或下意识去征求他人的意见，会让自己无法发挥本身的实力，变得非常紧张，反而为自己增加了负担，所以享受过程才是最重要的。心动就会行动，不需踌躇，单纯为了画而画，这也是最理想的“我的速写本”。

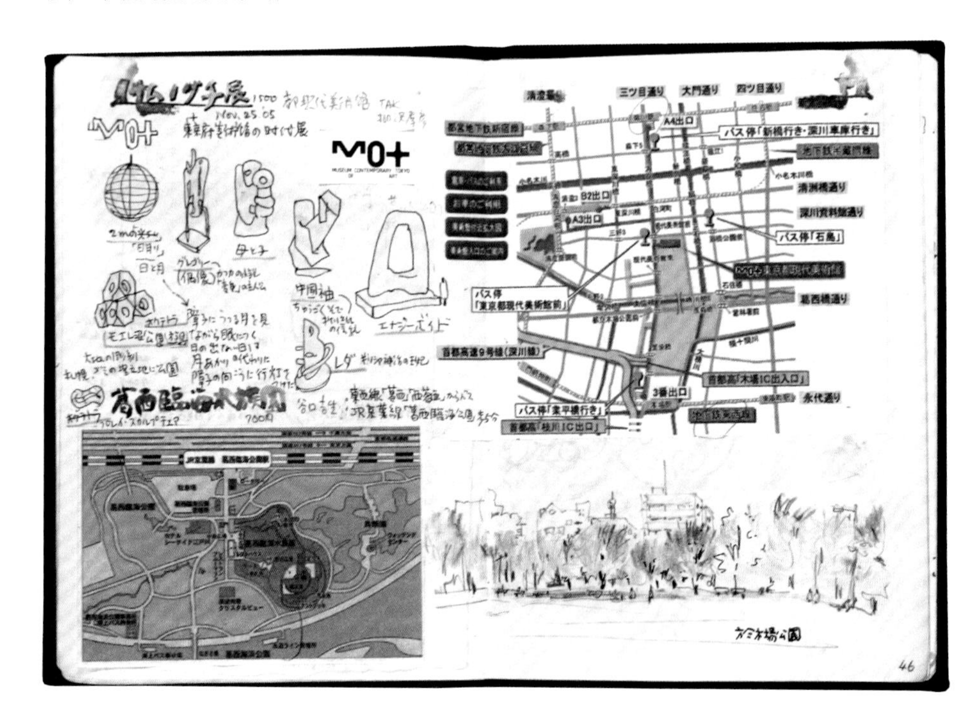

去参加展览会时的记录（速写本+圆珠笔+色铅笔+黏贴纸）

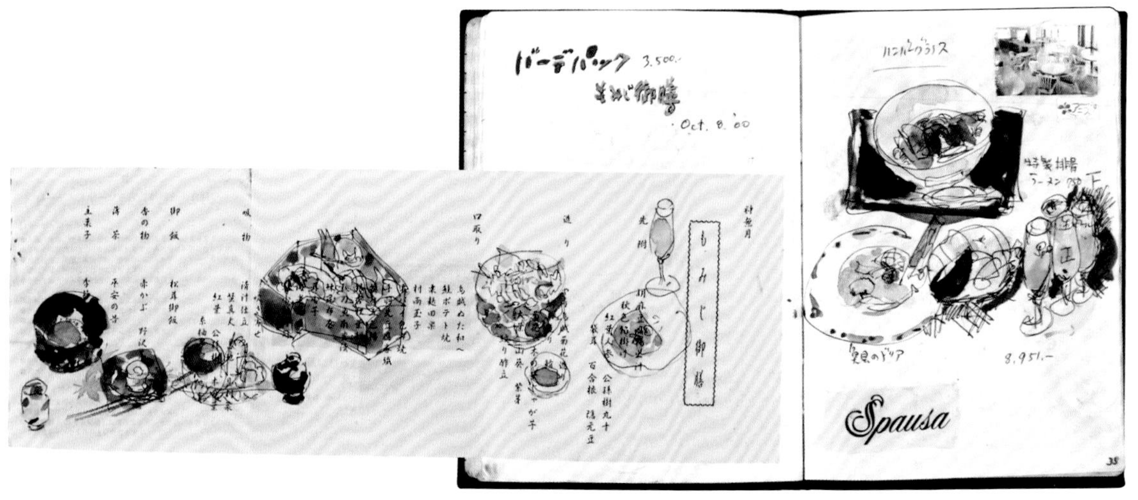

旅行时享用的美食菜单和画在速写本上的图画（速写本+铅笔+透明水彩）

制作速写本

●—选择速写本的方法

速写本封面的颜色、装订方法会有不同，但是B6尺寸是不会改变的。曾经多次尝试使用A5尺寸，但A5尺寸比自己的手掌大一圈，使用起来不太方便。我使用的速写本白底纸薄、页多，并且装订牢固。如果能使用专业乙烯材料，水彩纸的手感就更好不过了。但我们平时使用的速写本，只要是白底纸就足够了。

统一尺寸。虽然封面颜色不同，但都是B6尺寸，对于我来说使用自如方便

●—首先制作首页的目录

由于是白底的速写本，自己可以从写页数、设定目录着手。一旦完成了目录页的制作，那么对这本速写本也就产生感情了，然后就是不断进行补充。如果不设定目录，到后来检索想要找的内容时就会非常困难，好不容易收集的信息、记录，画过后再也不翻看那也很可惜。所以这个工序是必不可缺的。

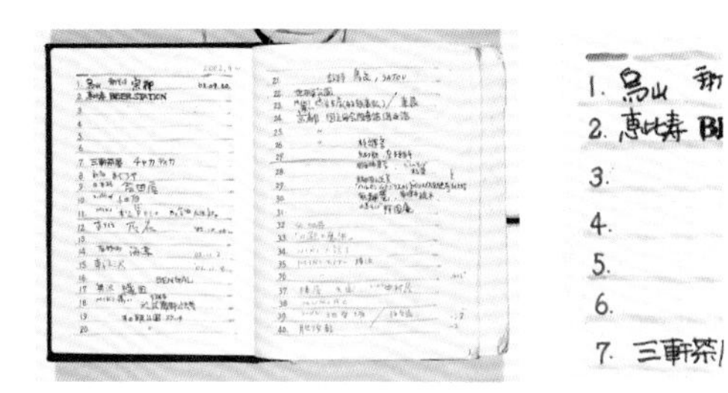

目录，被设计在打开后可以看到左右两页的页面上，阅览整个速写本内容（左），画线并写上编码（右）。这样对每页画的内容可以一目了然

●—线绳装订和线绳打结

当需要抽出个别篇章时，这种活页线绳装订的本子是最合适不过的了。但是像这样的速写本在市面上很难见到，于是就要根据自己的需要进行制作。制作时最好选用两种颜色的线绳，这样会非常实用。它主要以描绘和记录为使用目的，如宣传册、车票、筷子套、商标等都会贴在里面保存。而且如果打算暂时将资料夹在本子中，会让本子变厚，厚度有时甚至会是原来的几倍。因此一定要用线绳打结。

线绳装订（左）。剪贴了各种各样的资料后，本子会变厚。这种线绳打结系住的方法非常实用（右）

●—随身装水彩颜料和透明洗笔杯

可在画店里购买现成品，也可自己制作。因为是随身携带用，所以要小型、简单，以是否容易放在书包里为标准。画笔可以选择随身携带的，或者自己常用的。水彩颜料，可以选择独立包装的单色制品然后将其黏贴在一个盒子里，这样可以充分选择自己喜欢的颜色。经过多种尝试后，最终还是选择了带盖的洗笔杯。杯盖可以随意取下，容易洗笔，并且是透明的、非常结实、不漏水、环保，还可再利用。

随身装水彩颜料

透明洗笔杯

健康的基本是“食品、呼吸、运动、思想”。食品是主宰健康的四大因素之一。“食品是生命之源”“人是依靠食品来维持生命的”，可这些最基本的认识正逐渐被忽视。在现代化的生活中，从身边得到活性水以及具有生命力的食品材料已经有一定的难度。现代社会中人类依靠温室技术，一年四季可以吃到各种各样的蔬菜。但是，像原来那样到了季节才能吃到的时令性食品，好像更新鲜、更美味。如果重返到传统的饮食生活，也一定能够成为对抗生活习惯病的有效方法。其实，在一些国家，通过饮食疗法对疾病进行治疗，在很久以来一直非常受瞩目。

水资源存在着不同程度的污染，每个家庭必备饮水机已经成为理所当然的事情，矿泉水也都装在瓶子里进行销售。市面上出售的蔬菜多数都被喷洒了农药，据说近1440种的食品中都使用了食品添加物（其中约350种是合成成分，其余是天然成分）。这主要是由于被虫蛀的蔬菜没有市场。有职业道德的农家会尽量不使用农药，而是对土壤进行改良，从堆积肥料进行整治。被农药污染的农田完全恢复到原有自然的状态是要花费时间的。或许可以放养青蛙到农田为治理害虫作贡献，这样生产出的蔬菜还是能够让人放心的。

烹饪菜肴首先要从选材开始。能够在不破坏食材本身味道的前提下，烹饪出佳肴的才是优秀的厨师。所以如果能够吃到这样的美味，一定会让人感到非常尽兴，当然也会让绘画变得兴致昂扬。

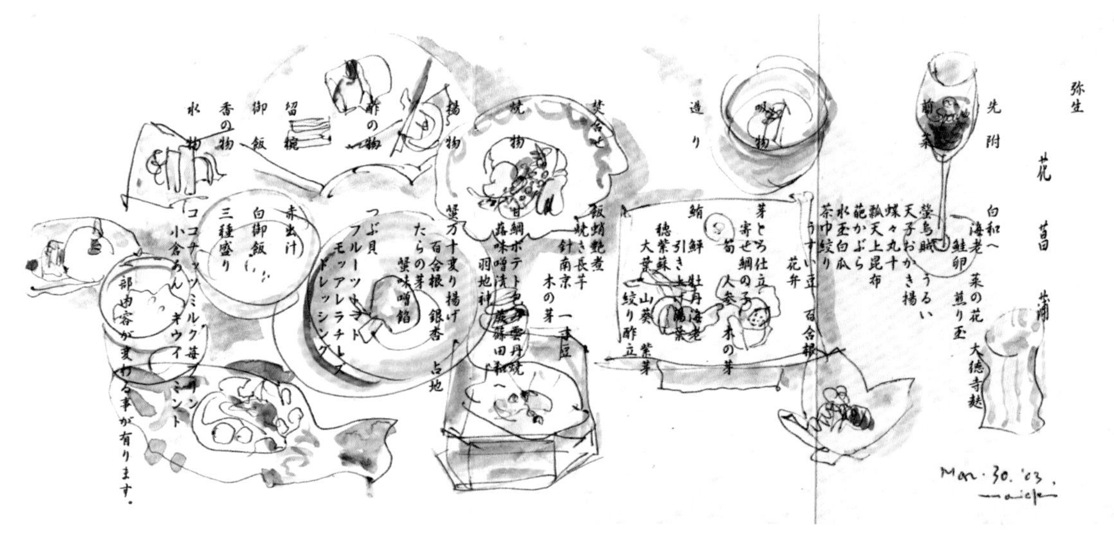

在菜单上进行描绘（签字笔+透明水彩）

●—享用美餐的时刻

新鲜的食材是美味的。不损害食材本身的味道进行烹饪，并盛放在有品位的餐具中，这时就会让人想用画笔留下这些美好。这也是为了留下记忆的写生速写。把感觉到的充分表现出来，是画好的必要条件。不过，这也是非常难以掌握的。

在纸餐垫背面进行描绘（圆珠笔+透明水彩）

●—各种场景的氛围

写生速写的画法各有不同。同一场景不同氛围中的画法也形色各异。即使是描绘同样的店铺，根据对店铺氛围的感受不同，表现方法也完全不同。下图是在店里观察到的局部印象，把它们进行拼图。利用时间差描绘出每个局部，因此画面整体的形象与现实截然不同。相反，底部那幅写生速写，只借助一支钢笔，利用深棕色、简单的线条进行描画。注意不要用线把画面画满，留一些空白。同时，“看到的样子”与“感觉的样子”即使相同，根据当时手中的画笔不同，画面的表现也会有很大变化。

把店内的风景进行拼图描绘。汇集店内不同时间中的视觉感受，填满画面（速写本+透明水彩）

用钢笔画出了插画的风格。希望关注窗外时，可以把窗外风景画得更密集一些（速写本+钢笔）

日常生活篇

平时，不经意看到的场景，其实隐藏着非常有趣的东西。描绘车内的人物就是这样。

因为不能目不转睛地盯着别人看，所以只能在不冒犯对方的情况下，描绘脚的“表情”。实际上像这样的细节也非常能够表现出个性。

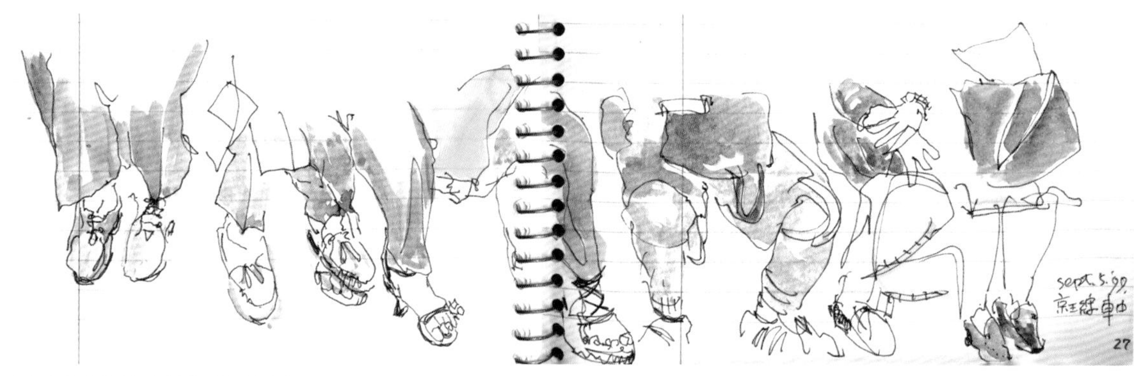

车内风景（笔记本+圆珠笔+透明水彩）

讲演会篇

作为讲演会的笔记，这本速写本的内容非常丰富。描绘了会场的氛围和作报告老师的画像，注意不要弄错姓名，事后翻阅速写本时，当时会场的氛围，就会自然地浮现在眼前。观察会场，不仅可以通过会场的指示图，有时也可以去周围探索，然后画在表现会场位置的地图上。

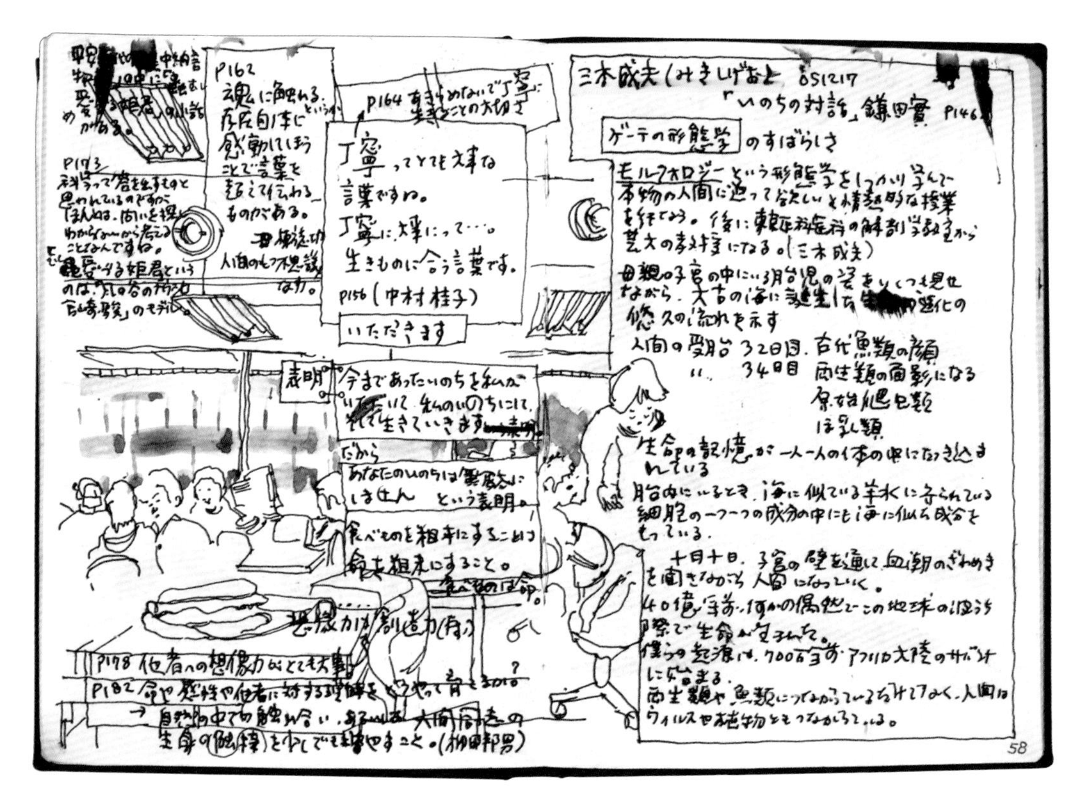

讲演会笔记（速写本+钢笔+透明水彩）

旅行篇

将出发时间，怎样通过各个景点，什么时候回到旅馆，赶上交通堵塞以至于延误了时间等情况，以及到达目的地的路线、需要的时间等都记录到速写本上。还有，把旅行中去过的值得回味的餐厅地址及电话号码等都记录下来。如果坐飞机的话，可以把登机牌的存根也贴在速写本上。速写本的使用方法是不受任何限制的。这也是使用速写本的最随意之处。

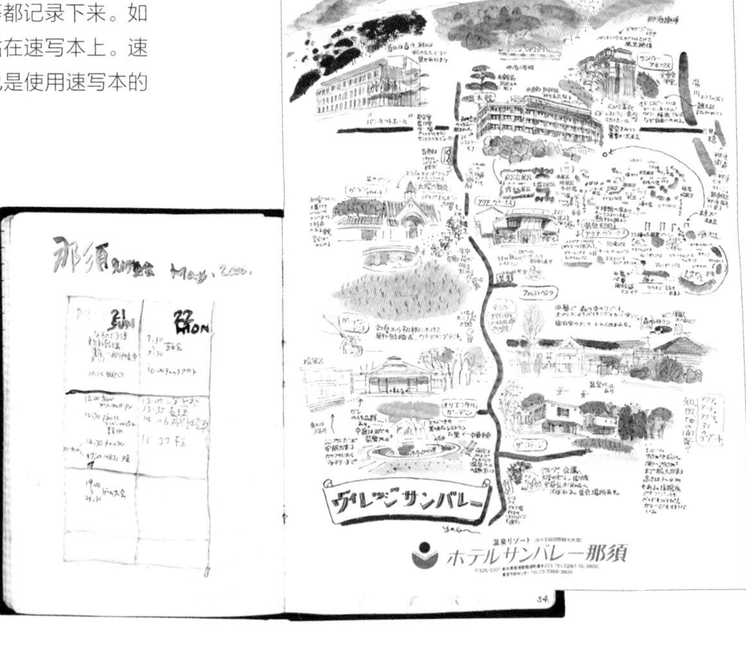

事先准备旅行行程、目的地的导游地图。如果没有时间可以什么都不准备。随着旅行的开始，速写本也被一点点添满（速写本+水性笔）

风景篇

以风景作为主题是最受欢迎的速写表现。利用写生技法将风景画出来后，才发现平时竟然忽视了这么美丽的景色。集中精力到一处游览，随着时间的变化，会发现对此处的印象也会越发深刻。下图是在设计建筑物前调查建筑地点，然后把地点的特征表现在速写本上的作品。描绘周围的风景时，不仅只是用相机进行拍摄，还可把当时的各种印象、感觉记录在速写本上，用写生激发设计灵感。因为建筑与周围的风景也有着密切的联系。

眺望建筑地周围。近景用醒目的浓色，远景用淡色，画得稍模糊一些，这种画法即“远近法”（速写本+铅笔+透明水彩）

●—用身体感觉建筑

如果看不到真实的建筑，是不会理解其空间含义的。到现场去察看建筑周围的环境，自然地就会理解建筑设计的创意所在。用身体来感受空间时，渐渐地能够感受到建筑内部的设计者、使用者等各类人群的存在。用自己的眼睛观察，用自己的身体感触，得到的是无法从书本中领悟的知识，这对于自身来说是一种无形的财富。接触更多优质的建筑空间，一点点地培养自己对建筑物的价值观。

描绘建筑和周围的环境［山口县县立图书馆］设计：鬼头梓建筑设计事务所，1973年（绘图纸+色铅笔）

●—培养规模感

人们对“物品”有一定的认识，基本会估算出其尺寸大小。比如烧制的陶器等，手感是非常重要的，实际拿在手里掂量时，正好在手心上，就会有“原来如此”的感觉。决定物品的大小，赋予物品生命力的过程是非常关键的。好的建筑也同样，必须要有与其相符的规模及让人感兴趣的特征。规模适度的建筑物，才有理由被称为“建筑”。描绘优秀建筑的同时要进行尺寸的计算。这里应该注意的是，先进行估测后，再进行测量。最好不要直接就用卷尺进行测量，这也可以培养自己的建筑尺规感。另外，如何观察到建筑物、如何从动线上变化视角、能够看到怎样的效果或怎样看会更美，这些在设计上都要下功夫，所以需要经常去接触建筑物，从实际中学习和积累。

建筑外立面通过连续性的梁柱来表现。但是，尝试着画一下，却发现“横向的梁”在窗户上方与在墙面上产生的作用是不同的［横滨市政府］设计：村野·森建筑设计事务所，1959年（速写本+水性笔+透明水彩）

●—建筑名作的背景

作为担当施工工程的技术师来讲，如果有机会与能够深入理解客户（业主）要求的建筑理念并且值得信赖的建筑师合作，是一件非常幸运的事情。这些密切相关的联系，是决定好作品诞生的关键。客户、设计师、施工者三位一体，缺少任何一方都无法让建筑名作诞生。
公共建筑存在着间接客户，即市民。大多数公共建筑的设计者，是依靠竞标选拔的。但是，为了追求利益降低成本，只追求低廉的设计费用的情况也多有发生。设计作为一种文化行为，到底要到何时才能够真正去征求市民的意见来实现呢？

参观学习时的写生速写。通过在速写本上黏贴入场券可以触景生情，让当时的情景再现于眼前［日本生命日比谷大夏］设计：村野·森建筑设计事务所，1963年（速写本+铅笔+透明水彩）

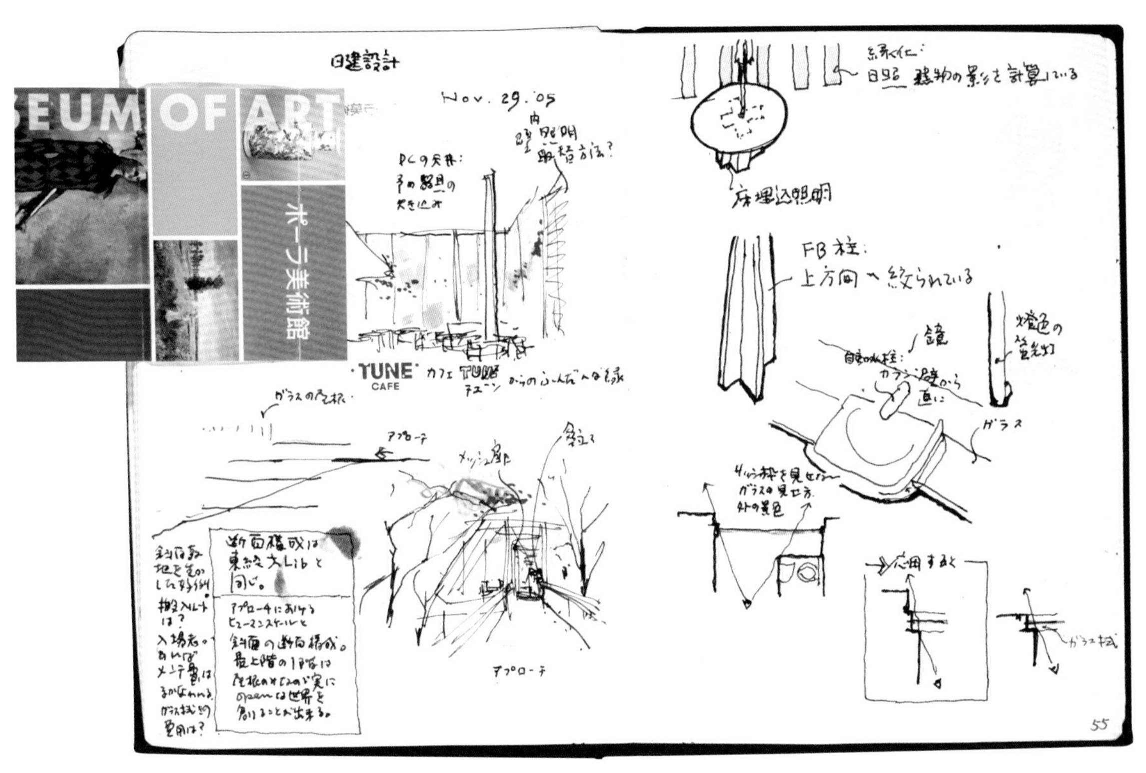

参观学习时的写生速写。记录了各种详细的信息［Pola美术馆］设计：日建设计，2002年（速写本+钢笔+马克笔）

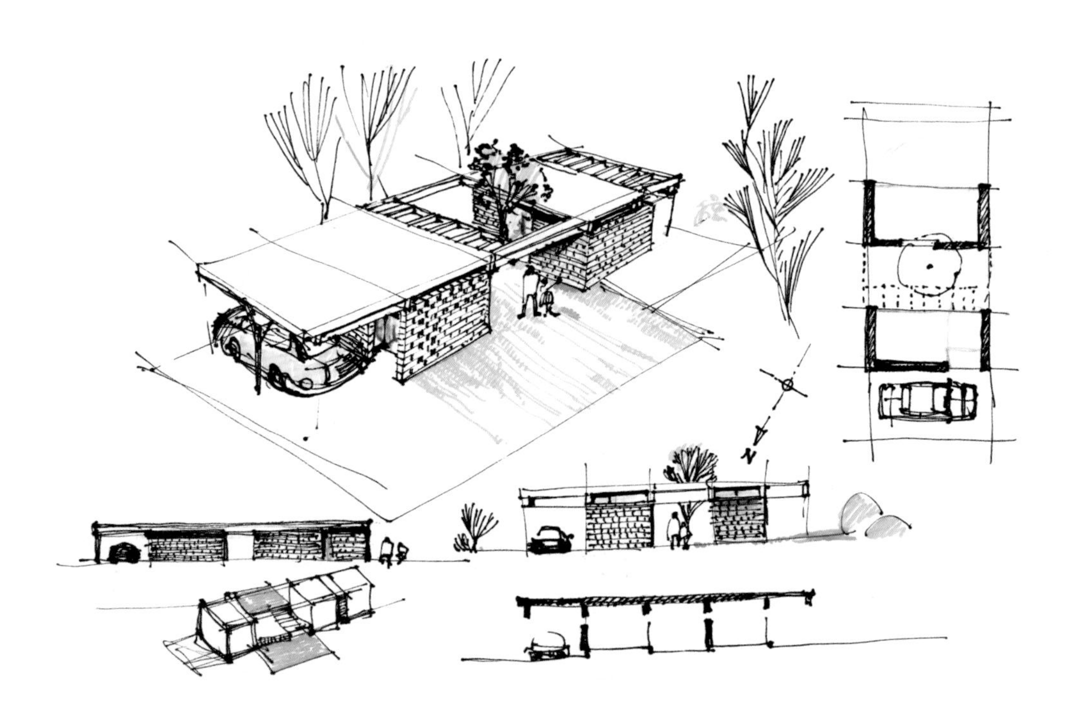

02 设计速写

写生速写、素描、制图绘画等任何一种方法都能够触发设计灵感，无论哪种都是由指尖传导到画板的表现行为。写生速写、素描主要是设计师为了方便自身钻研揣摩所用，制图绘画是讲解演说、传达设计信息时使用。“要想成为建筑设计师的话，亲手描绘的写生速写需要达到著作者等身的量”，其实这样的说法不仅限于建筑设计师，也同样适用于各种担任设计制作的设计师们。让脑中的思维转变为用眼可见的形状，进行这样的练习，是设计工作所必不可缺的一项。

第一章，主要论述了写生速写的重要性。我们应该意识到“创意”围绕在我们身边无处不在，当我们寻找这些“创意”时，完全接受外界给我们带来的印象，然后进行写生速写是多么的重要。本章，将针对表现内在景象（形象）的速写，进行举例说明。

根据用途区分不同表现的速写

寻找概念的方法

●—速写是内在表现

速写，作为表现物品形象的方法，要有目的性地去描绘。描绘，有时是为了确认看到的景观，有时是表现预期构想图，还有时是为了预知人的动向。无论出于哪种目的，都是为了创造。因此，为了达到各种目的，可以有多种表现方法，而非一种固定模式。

一般观看建筑设计师的速写作品时，就会非常清楚地感受到一幅速写中所要传达的概念。在理解设计的思考过程中，之前的迷惑、犹豫也会渐变明朗，速写是非常神奇、令人难以捉摸的。现实中，有许多没有问世的作品，同样蕴含着许多各色鲜明的创意。

图面是以一根线条为主进行表现的，速写则多用数根虽粗却柔的线条来表现。然后从这些线条中选择出最适当的线条再进行具体描绘，但往往被抛弃的线条中也许存在着意想不到的价值。

形象速写

最初脑海里的印象是各种各样的，从非常模糊且抽象的到非常具体的。在为如何着手而举棋不定时，可以从最先想到的开始画——颜色、形状，即使不合乎逻辑也没关系，只是一味地去描绘线条并涂上颜色。建筑，通常追求一种条理，但是到真正有条理之前，一般都是从矛盾、反叛开始，像这样的情况有很多。建筑有许多制约，设计、构造、设备、法规、时间、成本等为主要的制约要素。对这些要素进行完善后，再对其形象在尺寸上进行具体化。在此，暂时刻意脱离这些规矩，列举一些更富于想象力的建筑案例来进行探讨。

●—使用柔软粗重的画笔表现

在揣摩空间整体结构时，若不愿被细节束缚住手脚，可使用较粗较软质的笔来进行速写，要比使用较硬较尖的笔效果更好。

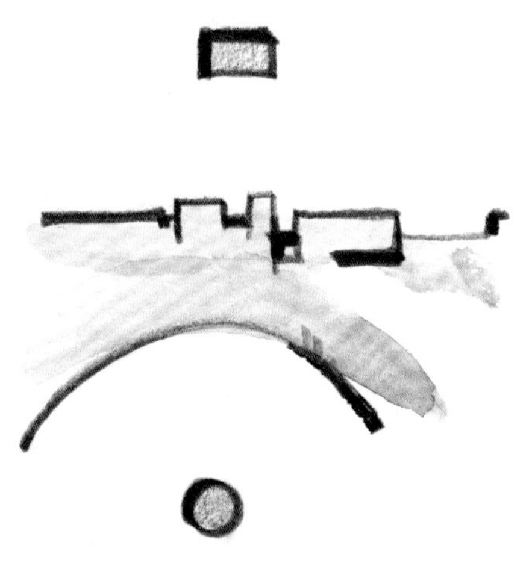

K美术馆的速写草图。利用两个不同形状的具有象征性的图形，分别描绘出各建筑给人的印象（水彩纸+6B铅笔+水彩）

●—透视图的立体表现

在没有形成明确的形象之前，可以依靠摸索出的形象、概念来进行速写。这时，使用透视图的立体表现更容易让人理解。

下意识地表现重叠的房顶以及它们的垂直性。将背景涂成蓝色的天空使建筑物有浮出的感觉（水彩纸+签字笔+彩色铅笔）

●—物品所特有的“形、色、光”

如果没有“光”，“形”就无法被视觉认知。“色”也是同样，根据“光”的强弱，及光波的长短也会出现很大变化。且根据“色”，还会使“形”的感觉完全不同。它们不单独存在，三者相互之间的关系是密不可分的。“形”加以尺寸，表现出规模。“色”被称为占有视觉信息最多的一部分，“色”包含了人的心理特征以及对物品的喜爱程度。“光”的基本是自然光，现在人造光（灯具）等对制造空间气氛也起到了很大的作用。这些都是需要设计师在纸张上确认的工作，是无法用机械所代替的，也是必要的环节，绝不容许怠慢。

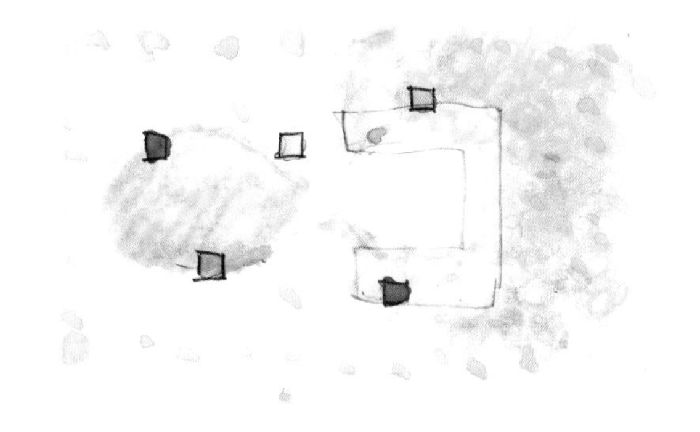

M市政府大厅的速写草图。空间框架的设计和周围绿植的设计相融合（笔记本+水性笔+透明水彩）

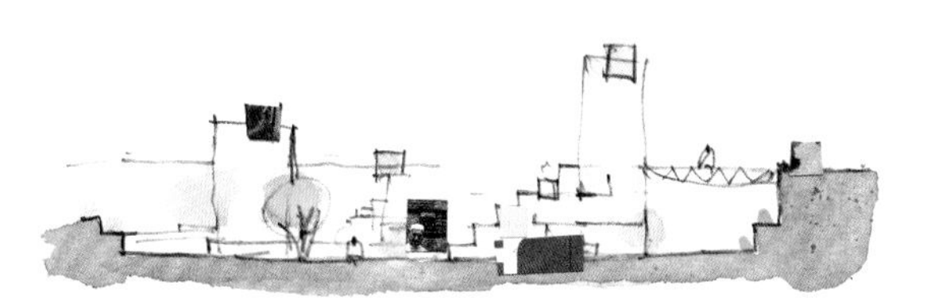

M市政府大厅的剖面图。可以看到空间的框架设计（水彩笔+水性笔+透明水彩）

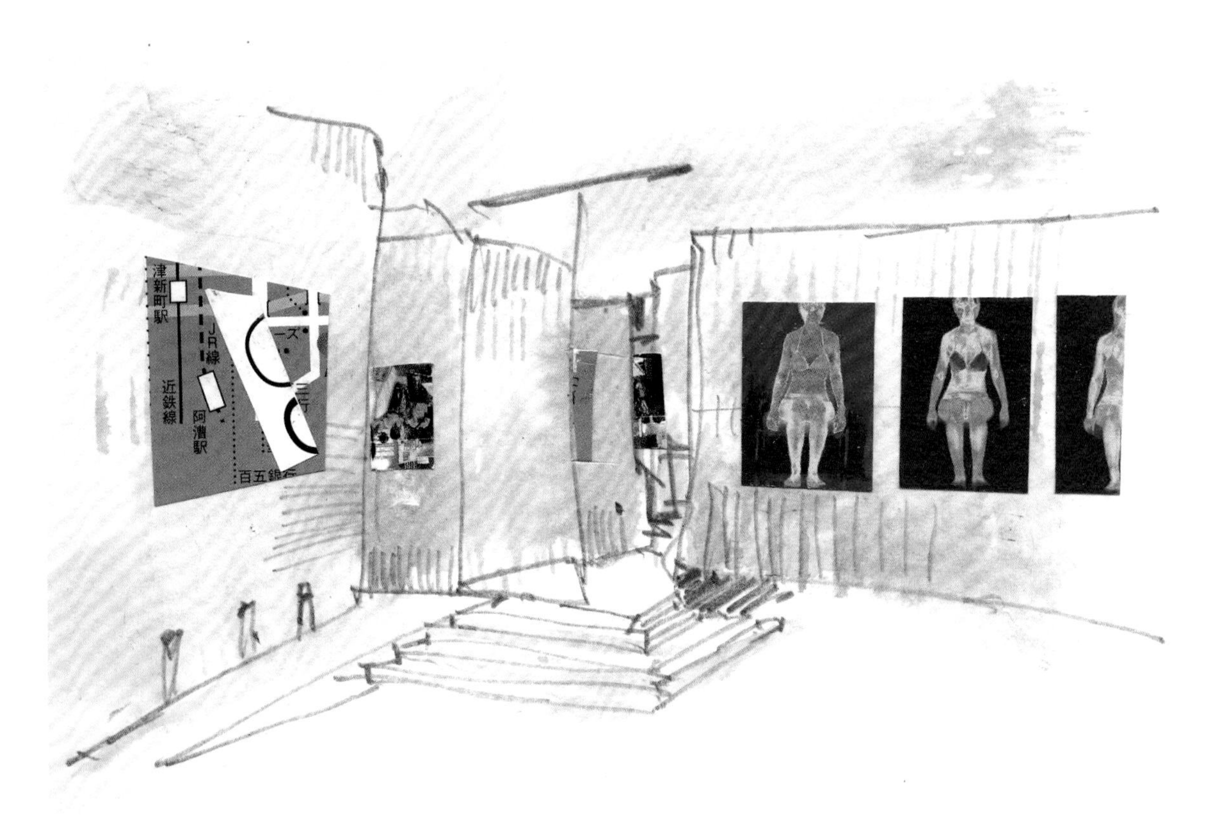

M市政府大厅展示空间图（绘图纸+铅笔+马克笔+水彩+拼贴画）

●—确定好比例进行速写

物品有与其相应的比例及质感。建筑也毫不例外，在具体的尺寸中确定好比例再进行速写。

依靠手绘磨练出自己的比例感觉，让手完全与记忆以及身体一体化。同时在绘制过程中永远不要忘记对人物的大小及其动作进行刻画。

同样比例的平面图和立面图并排在一起，对两者进行比较的同时对其进行重叠速写。这个过程从重复对两者的比较分析开始，直到归纳出新的形象为止。

K美术馆立面图（S = 1:200）的速写。注意领会树木和建筑间的平衡（水彩纸+铅笔+透明水彩）

K美术馆平面图（S = 1:200）的速写。注意领会空间的张弛和建筑的节点（水彩纸+铅笔+透明水彩）

表现K美术馆和树木关系的速写（绘图纸+铅笔）

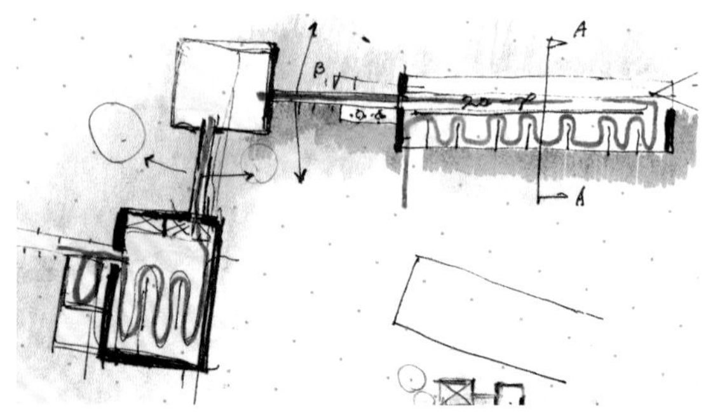

K美术馆内庭院中的长廊。一笔画出的动线（速写本+签字笔+色铅笔）

了解总建筑占地的平面图

有些事情是要在现场亲眼看到才能知道的。建筑不能和周围环境分离，因此周围特有的历史、气候、风土人情等，都有必要去了解。这些都是在看过现场后也不能深入了解的，因此需要事先做好充分的调查。

从地名也可以了解当地的特征，不同的人对“土地的个性”有不同的认识方法。另外，还有建筑占地前方道路的宽度、有无地下生活基础设施的埋设等同样需要仔细调查。

在开始进行设计时，我们首先要对现场进行走访。查阅再多的文献资料，也不如进行实地考察。感觉所占土地的宽度、氛围等，其目的在于亲身感受，说不定可以得到一些灵感。

对于建筑占地的印象，在现场可以记录下来。当在设计过程中碰壁、一筹莫展时，这些记录会起到很大的作用。

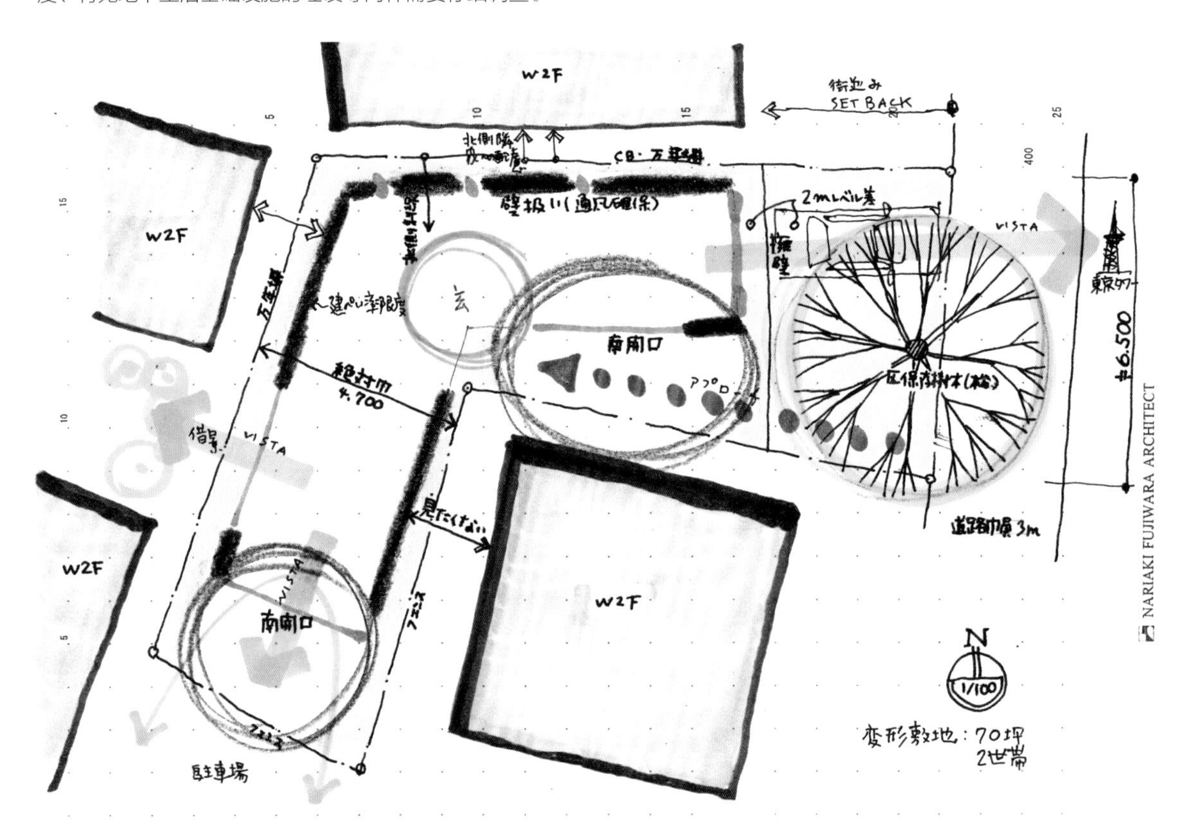

在建筑现场的感受是千差万别的。上图是在奔赴住宅建筑现场时记录下的一例。此占地为L字形状，并与道路存在落差的变形地形。环顾四周的情况，眺望周边风景，对原有树木进行确认（速写本+签字笔+色铅笔+马克笔）

确认形状

●—立面草图

立面图主要用于查看全景构成、比例、砖墙、水泥的注入量和植栽间的平衡等。如果立面图发生变化，剖面图、平面图当然也会受到影响。在平面速写阶段中，可将未决定好的部位暂且放置下，从立面图和剖面图所要求的开始，为已经决定好的部位进行具体化绘图。所要达到的效果，可以通过连接拼图和分析模型进行总结归纳。

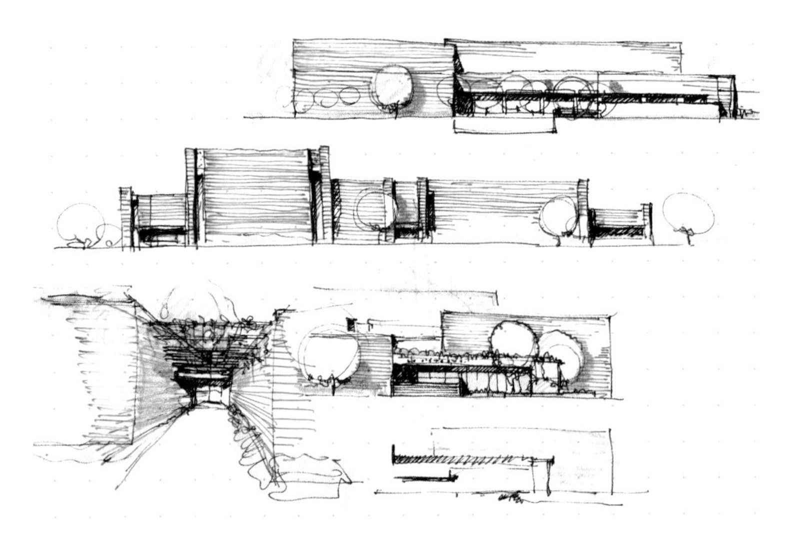

S美术馆立面速写（写生画纸+水性笔+彩色钢笔+色铅笔）

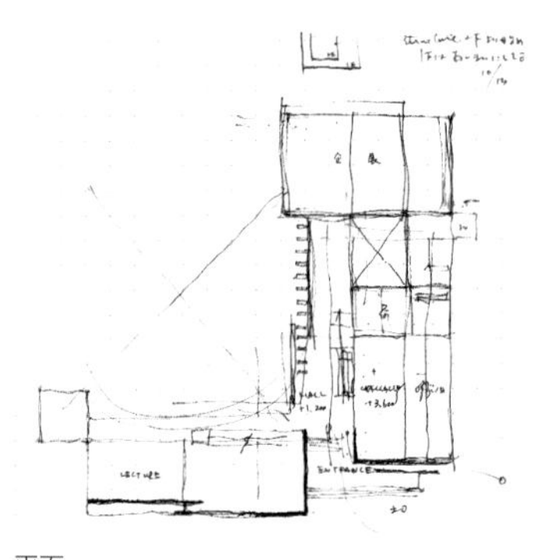

平面

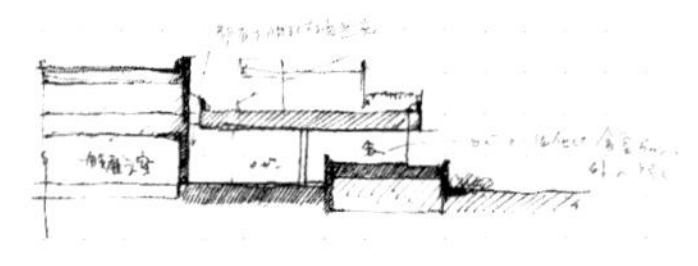

剖面

确认空间

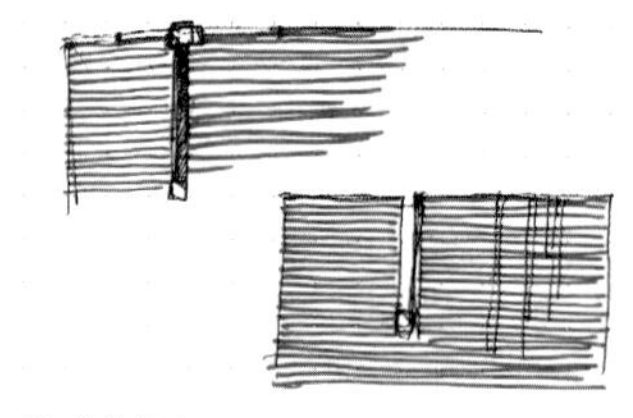

对细节的检查

●—对正面的研究

建筑物正面的立面被称为正面，也是建筑物的门面。因此，在基本设计阶段要进行充分的探讨。需要把握建筑物与周围环境的关系，可以先将平面和剖面速写暂时放在一旁，去追求有即时性以及与其更相称的“型”。

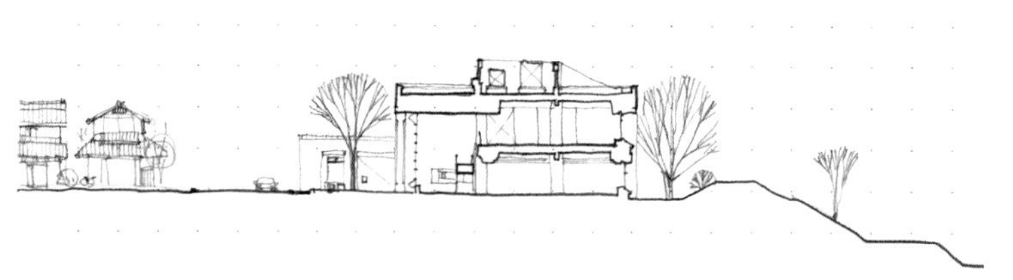

F图书馆剖面速写（复印纸+铅笔）

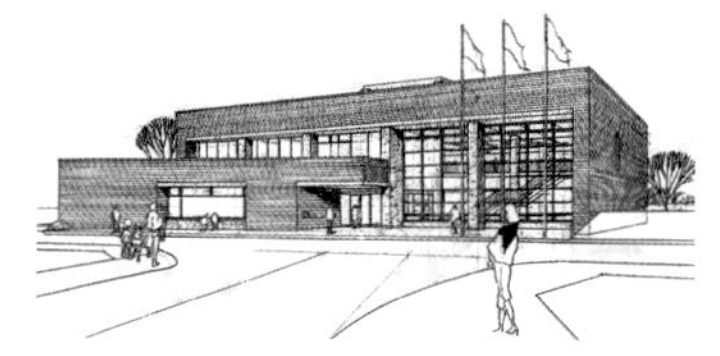

F图书馆正面设计方案（绘图纸+铅笔）

●—利用模型表现设计草图

利用模型的好处是可以让草图具有客观性。然后，可以变换视点从各个方向对模型进行观察，对于提高“型”的准确性也是非常有效的。对模型的利用方法，既有直接描绘出模型进行研究的，也有利用照片进行学习的。当创意思维与素描表现有效融合到一起时，产生高质量建筑设计的机率也会随之增高。不过，方法只有一个，就是不停地动手，让指尖来进行思考。

描绘出带有窗户的集店铺与住宅于一体的模型照片

●—利用电脑三维技术

近年来，电脑三维技术得到了广泛应用。将画像扫描到电脑后用线条描出原图即可，操作起来非常简单。还可以利用数码相机拍摄立体模型，并打印出来，在打印纸上再进行描绘。

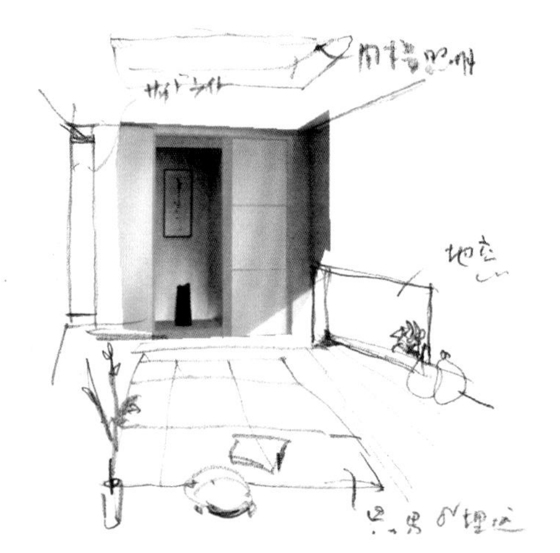

检验集店铺与住宅于一体的效果，卧室1家具等的摆放及平衡感（打印纸+铅笔）

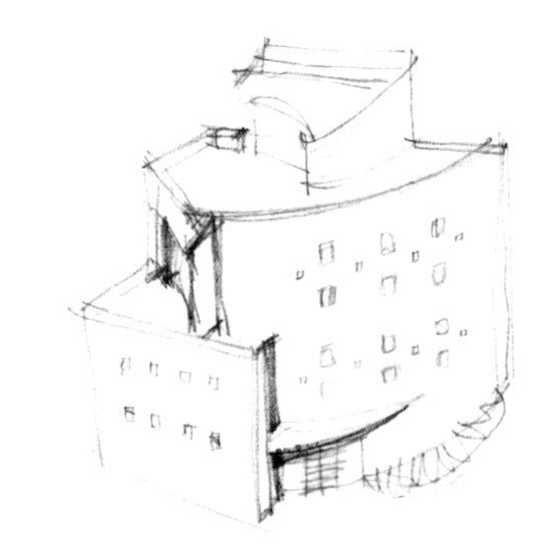

研讨窗户设计方案的写生速写（绘图纸+铅笔）

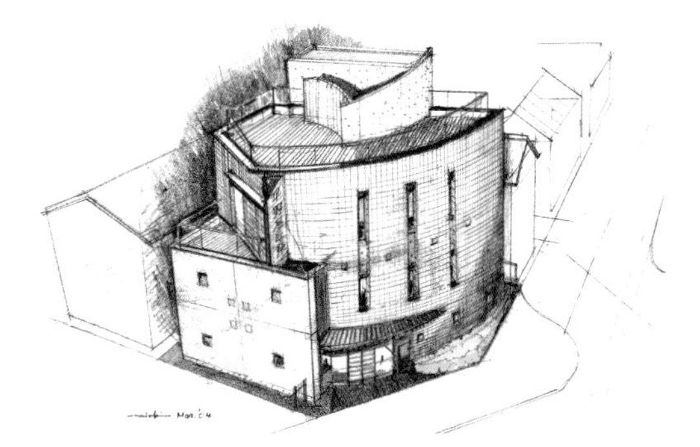

从上方看的透视图效果，可以表现出不同的立面变化（复印纸+铅笔+色铅笔）

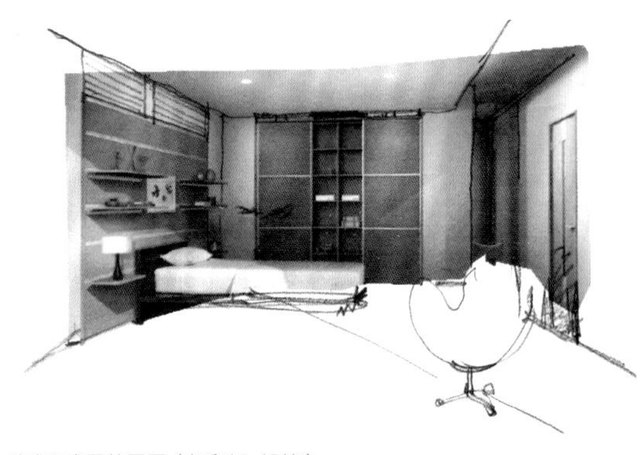

卧室2 家具放置图（打印纸+铅笔）

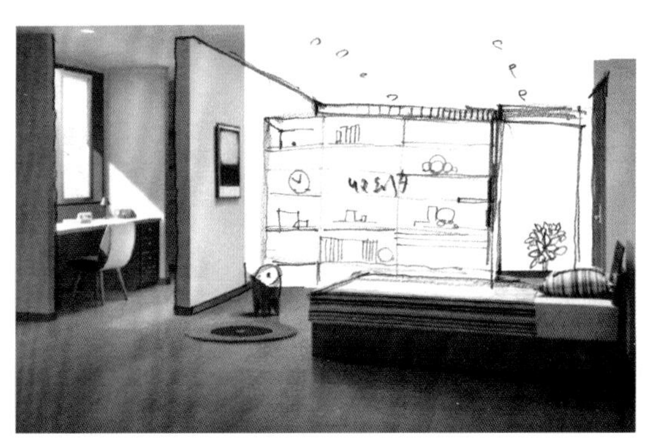

卧室3家具的摆放与书房的布置（打印纸+铅笔）

利用正确取点的透视图确认比例

完成大致的设计图（配置图、平面图、立面图、剖面图）后，进入实际实施设计阶段，要制作可以用于正确排列墙砖的透视图。使用墙砖的建筑物，尤其在建筑拐角部分，描绘三维立体图要比描绘二维平面图更容易发现问题，例如墙砖的位置是否正确等。

楼面表现和纸张上的比例。附加上景色后更能感受出大楼的比例。可在图面上添加刻度尺以标示出建筑物的高度（画纸+签字笔+色铅笔）

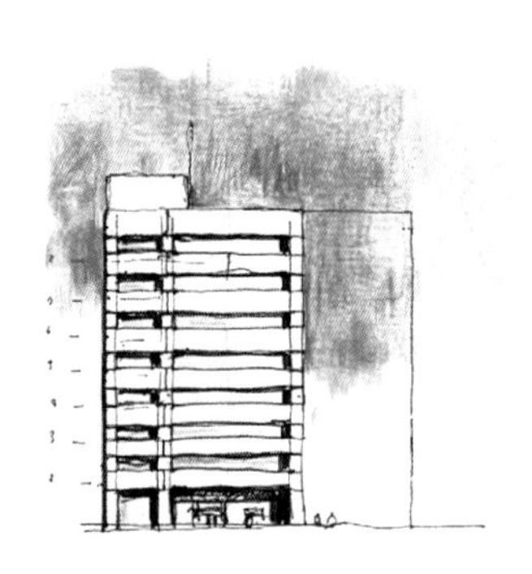

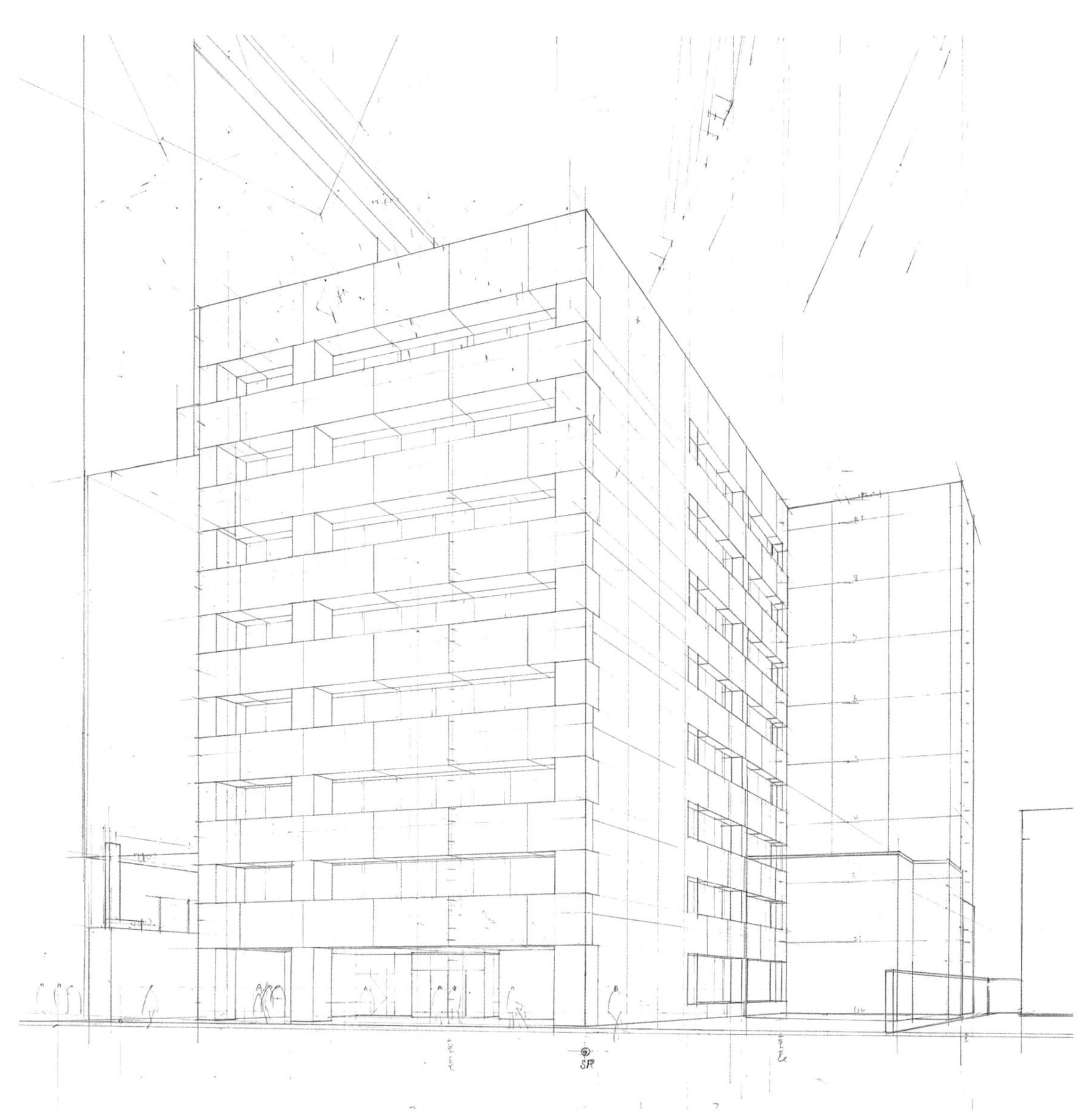

经过正确取点后的M大厦透视图原图（绘图纸+铅笔）

●—门面的设计

门面，在都市景观的形成中是非常重要的要素。
即使外观的比例相同，在如今，根据建筑的概念，也可以设计出多种多样的门面。

仔细观察下面这些图片，从众多素材中，可以找到设计的大体方向。

M大厦各种各样的门面设计方案（图画用纸+铅笔+色铅笔）

●—正门的草图

玄关周围的空间，作为建筑物的“颜面”，尤其要加以注意。要经常对设计进行探讨，别出心裁固然重要，但要对构造和设备方案等进行综合考虑。通过平面的素描图，可以顺利地与客户进行沟通。

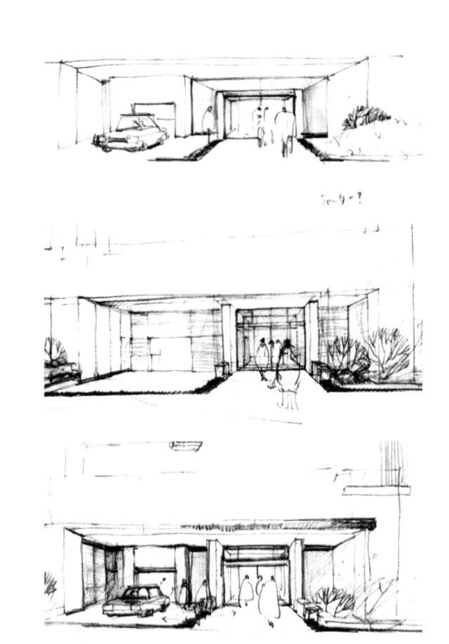

配合M大厦的设计理念，设计的多种正门方案（绘图纸+铅笔+色铅笔）

独户建筑的设计　实例 / ［T · Y住宅］设计：藤原成晓设计室

用草图表现住宅建筑

住宅建筑是所有建筑的原点。倾听客户的意见，设计与当地风土吻合、且适应当地土质的建筑是必须要考虑的。对于住民来说，每一部分都经过精心打造而成的建筑，才更让人由衷生出爱意，并随之诞生在此度过一生的愿望。要想达到承包设计建筑的目的，设计者不得不参加竞标。不公平竞标是让设计行为遭到破坏的野蛮行为，会让建筑质量严重下降。设计者和客户在建立了良好信赖关系的情况下，才能重复构图，反复琢磨，把更多的时间投入到设计当中。

从东北方向观看建筑的外观

建筑入口处的夜景

掌握场地的特征

事先在建筑施工图上记录下建筑覆盖率、容积率等法定基准以及方位、道路的宽度等，并进行实地考察。首先，在建筑占地内走一圈，亲身感觉建筑占地的宽度。即使没有卷尺，用自己的身体也可以进行测量和评定。并且要观察周围的环境，有可能的话可站在高处眺望周围的景色，记录映入眼帘和留在记忆中的一切。此时的笔记，可以成为困惑时的参考数据，从基本设计到实施，或者当设计发生变化时，都会起到很大的作用。因此，在现场最初的感觉以及灵感，都应得到较高的重视。

然后，偶尔脱离专业说明书的条条框框，并以和在此生活的住民同样的视角去进行绘制。对建筑占地进行速写，是从收集广泛的信息以及理解的茫然中开始的。

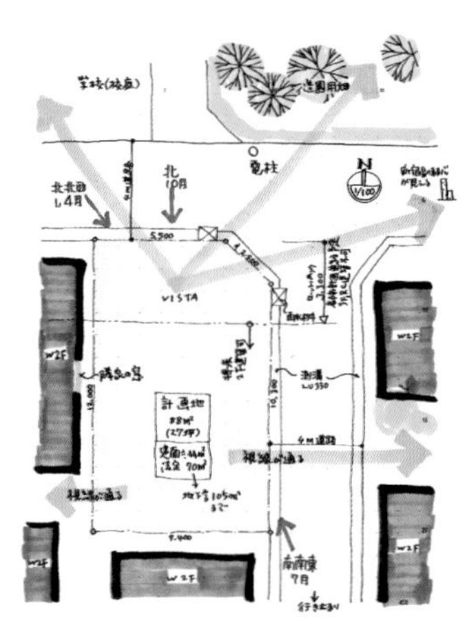

对建筑占地进行调查时的写生速写（速写本+水性笔+马克笔）

平面草图

●—最初平面图

建筑空间的基本构成，可以分为“地面和房顶”或者“地面和墙壁”两大类。无论哪一类，地面都作为建筑空间的构成要素。利用地面可以制造空间范围，同时依靠地面的连续性可以保持动线的存在。为了把握空间构成，绘制平面图是最合适的。具体绘制时尽可能用粗头软性笔，从大胆勾勒大概的构图开始。不要局限于片面，要边看整体边对空间进行组合。

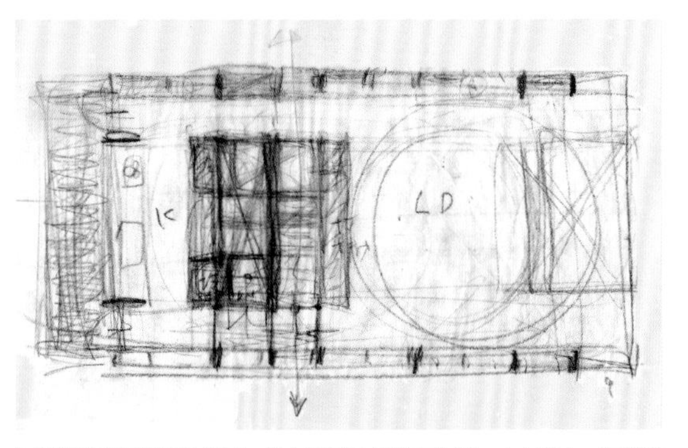

初期摸索空间框架的速写。以1:50的比例进行构图，大小适中，在掌握整体的同时，具体的细节也可以表现在其中（黄色描图纸+铅笔）

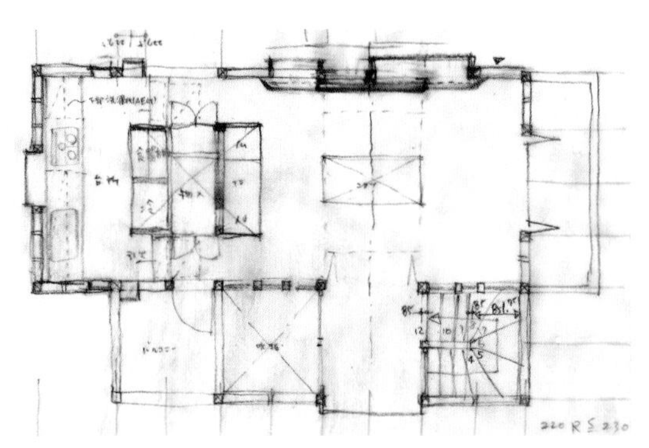

细节部位也被画在图纸中，接近完整的速写（黄色描图纸+铅笔）

剖面草图

●—为剖面图设定尺寸

制作平面图的阶段，在构思的空间中，加入纵向的尺寸，制作剖面图。然后，用速写透视法制图。像这样标有尺寸及附加具体说明的透视图是非常具有说服力的。

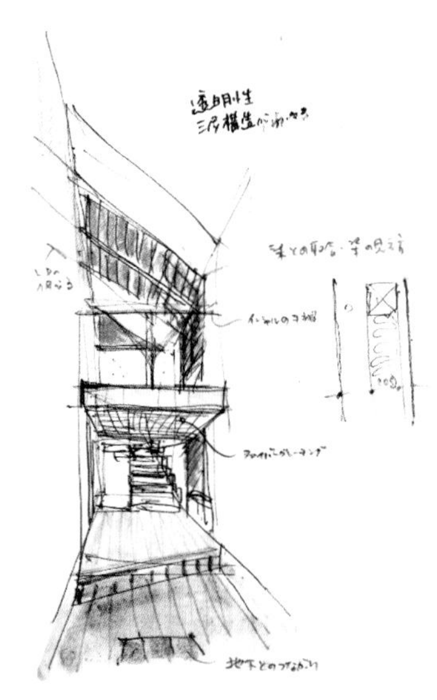

玄关大厅的写生速写。养成利用三维立体的感觉来进行思考的习惯（水彩纸+水性笔+透明水彩）

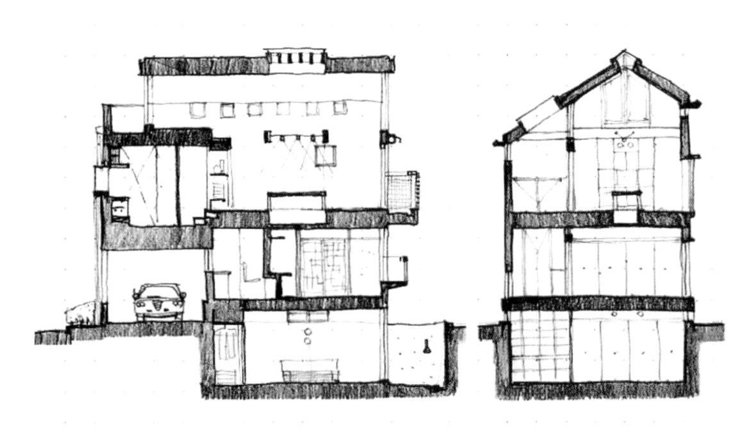

包含空间的张弛和构造计划以及设备通道等，并充分考虑到建筑高度的剖面图（绘图纸+铅笔）

立面草图

建筑物不仅作为单独体存在，作为形成街道景观的要素，也起到了极大作用。关于建筑的法规中，为了保持街道的整洁和秩序，对墙面线条、建筑物的高度、外墙涂刷颜色等进行了规定限制。即使不受法律、法规的强制约束，建筑师在设计建筑时，也要根据周围的环境来考虑建筑本身的外观。临街的建筑需要向内移动一些，留有设置花坛的位置，不但可以让过路的行人欣赏到花草植物，还可为街景增加亮点。种植花草树木也是作为丰富街景的一种手段。在制图时，不仅是平面图和剖面图，还有立体图，综合利用这三种制图方法，本着三位一体的原则，反复对绘图进行修改，建筑的形象也可随之清晰地展现出来。在立面图面上有许多景观无法表现，但通过制作透视图，却可以表现出来。经过无数次的分析、修改、反馈，具体的建筑形象也就展现在眼前了。

外观的形象写生速写（本页图全部使用绘图纸+铅笔+色铅笔）

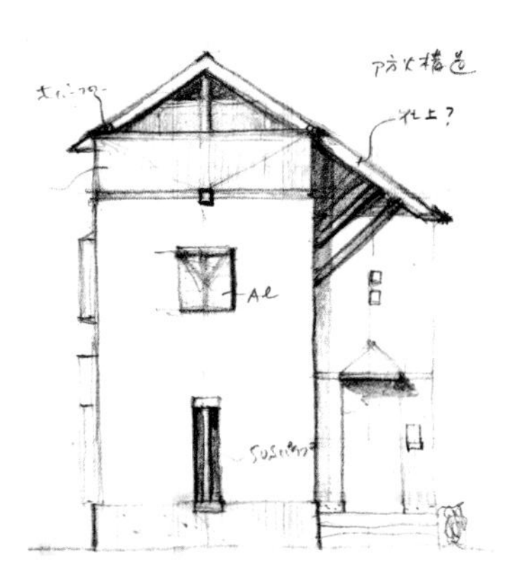

对正面图形的研究1

用木梁支撑屋顶上部的屋檐

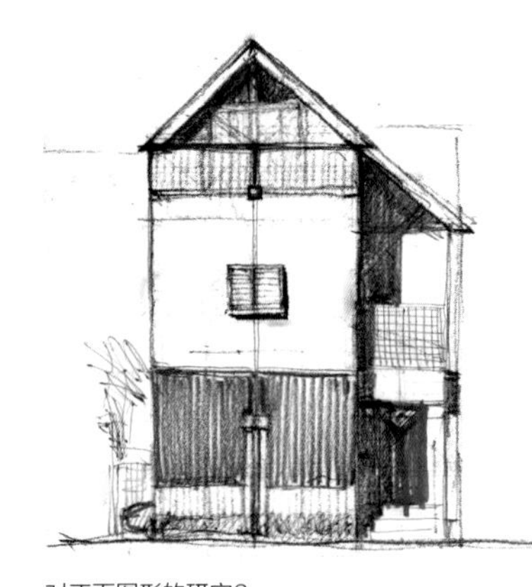

对正面图形的研究2

从北侧眺望时可以看到的阳台

对正面图形的研究3

屋顶形象分明，强调此住宅内居住了两代人

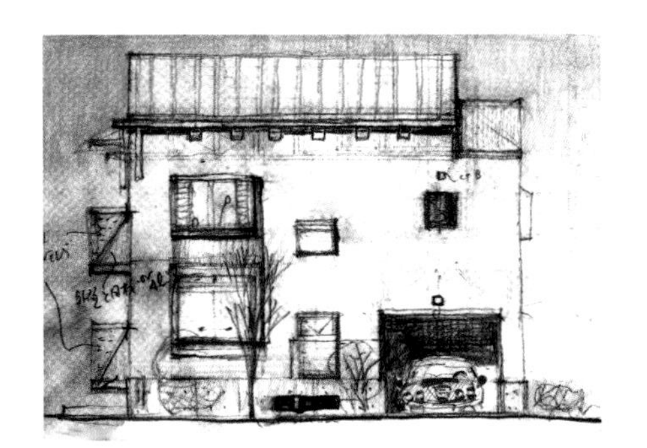

对正面图形的研究4

考虑与室内的协调对窗户进行配置

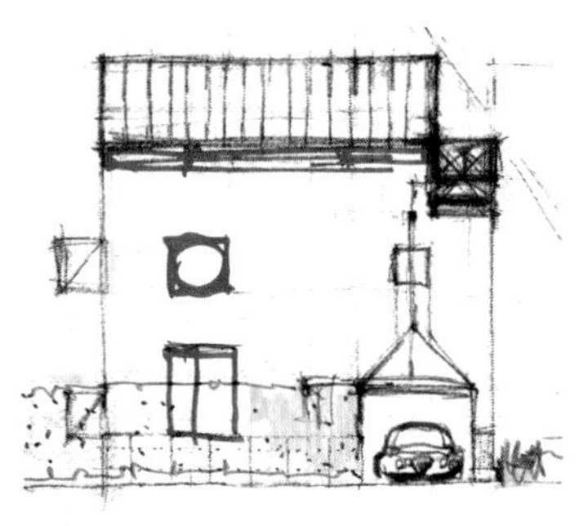

对正面图形的研究5

取出窗户看整体的比例

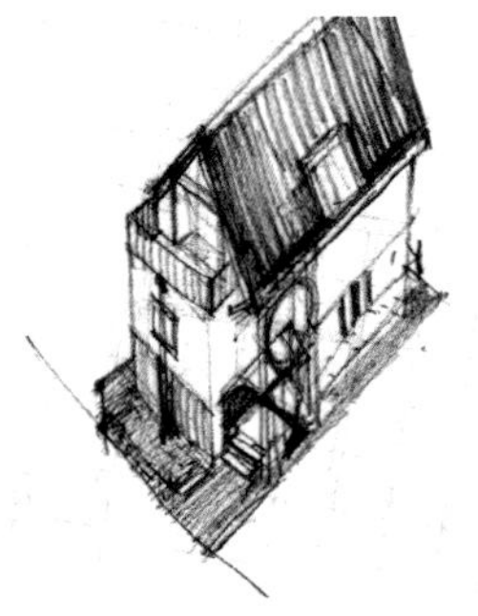

对正面图形的研究6

不仅仅看平面，还需对立体空间进行观察

在确定草图细节的比例时，基本是与实物本身同样的尺寸比例进行微缩的，因此可得到最接近实物的图面。了解详细情况，可以有助于了解建筑物的形成、掌握组装建筑的顺序。
近年来，通过CAD软件可以让零部件数据化，在作图上节省大量的时间。但是，也不同程度地出现了，将同样一个建筑物分割成许多组装零件的现象。设计图通过CAD软件，依靠拖动鼠标形成。“设计的情感”也不知从何时开始变成了“选择的慧眼”，对零部件本身毫不疑问地进行“粘贴”也成为一个不可忽略的问题。丧失了“设计的基本”，有时从零开始审视详细信息也是非常重要的，比如，亲自去抚摸成品窗框、确认质地等是必不可少的。
正因为经过了反复揣摩，打造出的建筑才更近似于流淌着血液的建筑物整体。也希望设计出从建筑整体到局部，都具有整体感的建筑物。绘制平面的速写也好，剖面图、立面图也罢，都有必要充分掌握每个部位的细节。

●—构成立面的详情

用1:100的比例来确认整体的尺寸。为了打造出鲜明的外观，需要具体设计凸出部分和阴影部分。窗户的大小、尺寸不仅单纯取决于外观，还要与室内设计相结合。
还需要注意暴露在外墙上竖立的导水管水槽，要事先把包含在外墙上的设备都画在图中，不要让精心设计的建筑因为外墙的导水管水槽、排风口、设备机械等影响外墙的美观。
如果是设备用管道，要考虑构造本身及天花板的高度等，如果设计在恰当的位置，会让整体非常和谐，所以也就需要不厌其烦地多进行描绘设计。

墙壁内的草图（绘图纸+铅笔+色铅笔）

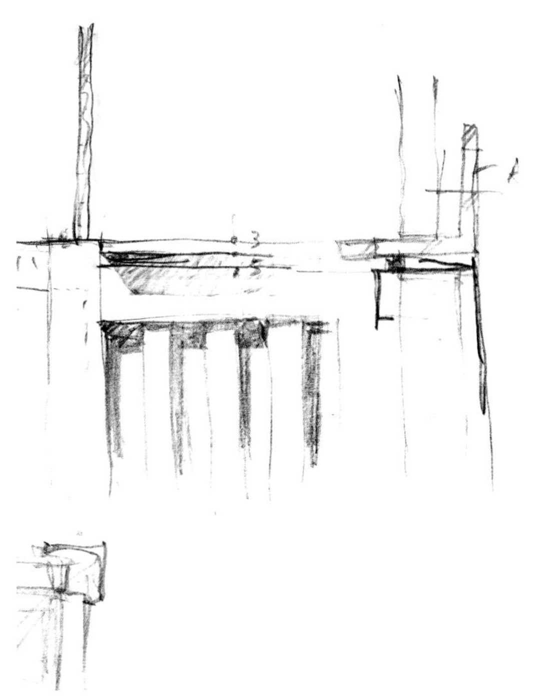

不同种类墙壁内部的草图（绘图纸+铅笔）

●—读懂富含内容的草图

有些人一味地在草图上表现房间形象，但如果看到让人感兴趣的要素，可以自由地绘制作出详图。这样就不会画出让人感到空洞的图面。比如，作为室内要素的门就是一个例子，想让门活动自如需要下很多功夫，尤其要在其功能和构造上加以精心设计。

●—有变化的客厅兼餐厅

平时是掘式被炉，是一个“坐立的空间”，若收起被炉盖上榻榻米的空缺处，即可成为一般的客厅。在具体绘制时从写生透视图阶段就要加以注意视线高矮的变化，因为人物坐和站的生活空间是不同的。

●—天花板俯视图和透视图

利用写生透视图来检查天花板的分区状况。为了让空间更加宽阔，采用倾斜的天花板，两边斜面的接缝跨越了横梁处的玻璃部分。在画面上比较难看到的部分可用透视图描绘出来。

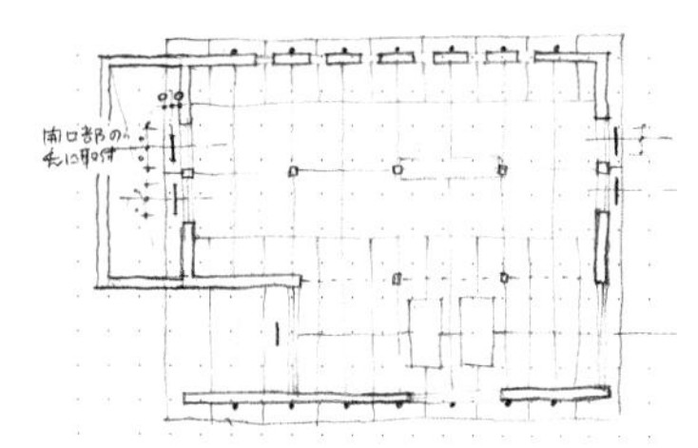

天花板俯视图。结合分区及装饰的目的，首先决定顶灯、照明器具等的位置，以达到跨过玻璃墙，让两间房间一体化目的（38页~39页的绘图都使用了绘图纸+铅笔）

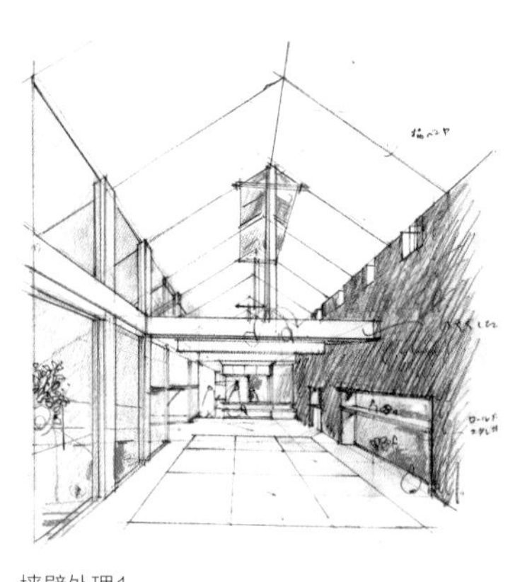

墙壁处理1

左边的墙壁设计为玻璃墙，以带来开阔的效果

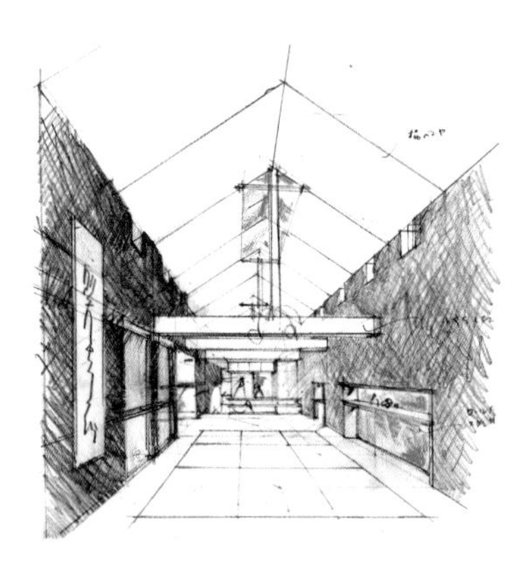

墙壁处理2

封闭左边墙壁时的效果

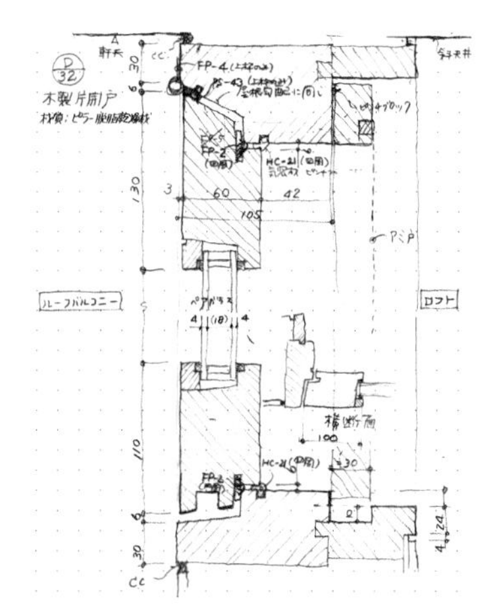

木质门的节点剖面图

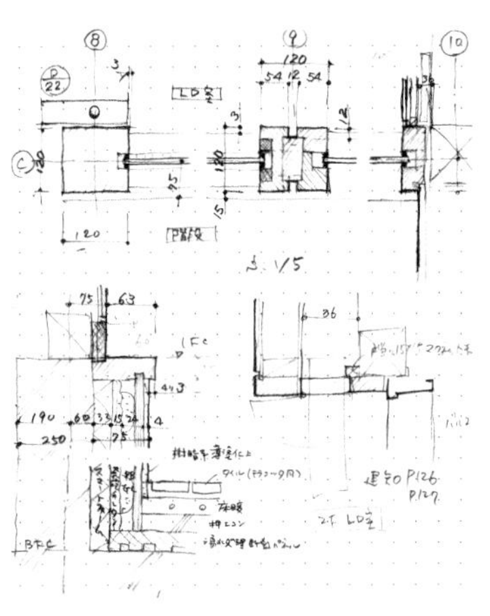

玻璃墙的平面、剖面图

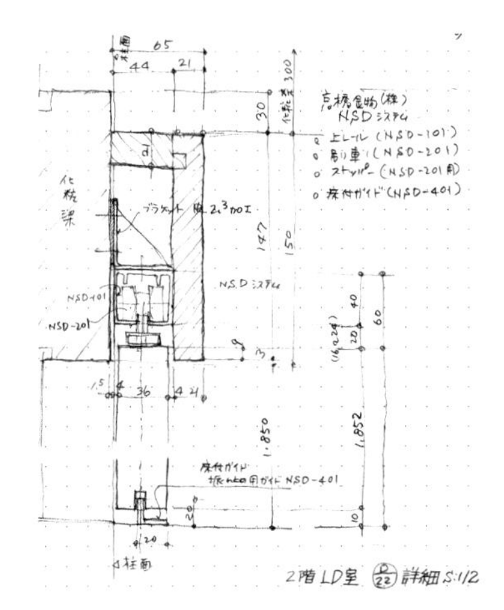

吊门轨道的剖面图

●—玄关地面处嵌入地板灯

设计理念为“保护个人隐私的同时，能感受到家人的关爱”，为了让此住宅的设计理念适用到玄关，而诞生的设计详图。

通过透明天顶的灯光以及从天花板上射入的自然光，照射到玄关、洒落在夹层的书房中。并且在夜间时夹层书房中的灯光也可以照射到玄关处。

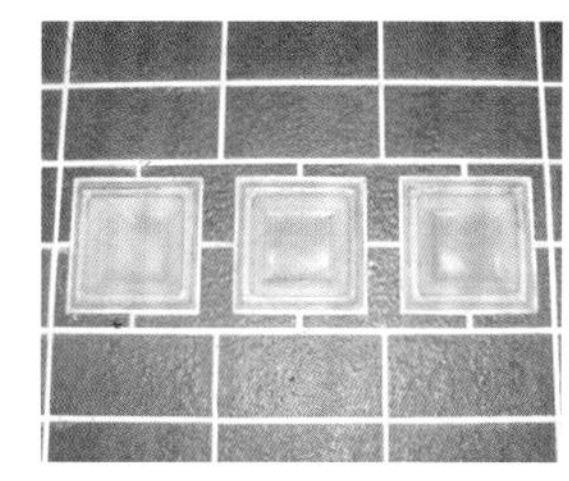

此玄关，以楼梯的中心线为轴对空间进行了分区。因此，以这些玻璃为主，正面的楼梯、二层的扶手都在这个轴上，地面、墙壁、天花板都是以这个轴为分界的

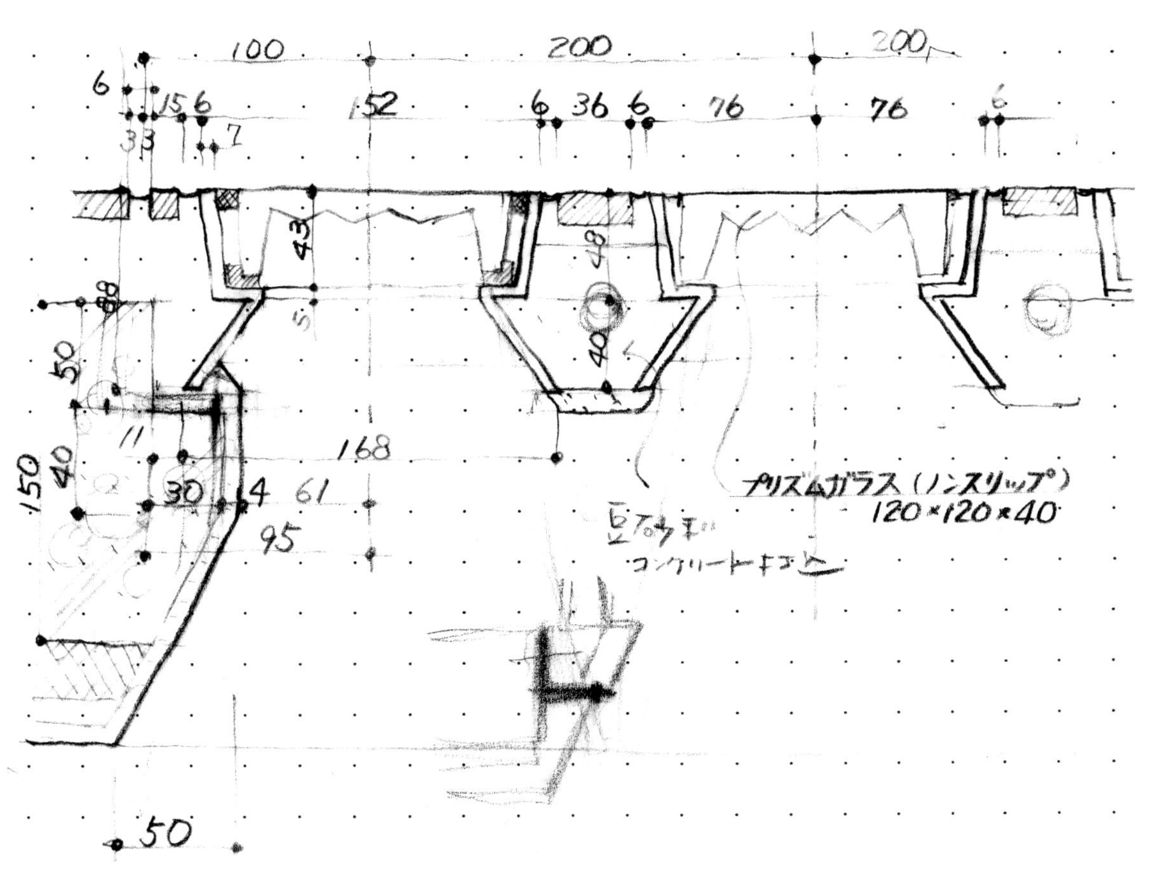

玄关地面剖面详细草图

●—绘制草图时应该掌握的

有时看一个建筑，会问是否有设计细节图。其实，有没有细节图在一定程度上决定着空间设计的好与坏。

有的建筑，伴随着岁月的流逝会让人越发产生爱意，且变成高品质的建筑，这一定是非常出色的建筑，其中的细节图亦会非常完美，且建筑也很规整，因为规整的建筑经得住岁月的洗礼。如果在图面上想删掉一条线，就需要在细节上多下功夫，没有根据、非常抽象的东西是很难经得起时间的考验的。因此支撑空间设计的细节图非常重要。

群体建筑的设计　实例/［K群体建筑］设计：鬼头梓建筑设计事务所

低层群体建筑的公共空间

在确保房间可用面积的同时，无论是对于紧凑有序的室内空间，还是对于公共空间，都极力去充分利用，即使是很小的面积，也力争打造更加充实的空间，这样得到的即是这种以室内走廊为中心的住宅配置。

要想打造出无窄小感、非常宽阔的空间，需要对住宅玄关周围的设计加以关注。比如，整理各种电表类的配置、照明的配置、地面的类型、水泥墙壁的设计等，考虑设计和施工等原因，在图面上按照90mm间隔，标示出立体方格，在具体设计时作为参考。具有象征意义的榉树，可显示出季节交替并遮挡了来自道路的视线，同时对大门的打造也作出了贡献。能否充分发挥公共空间的优点，住宅本身的设计是功不可没的，但是，可以说基本上是由如何对公共空间进行设计而决定的。

隔着榉树察看公共空间

●—水泥灌注外墙

以900mm×1800mm的涂装合成板和塑料铆钉（600mm×450mm）作为基准分割。可以消除护墙的接缝，并且可以与二层的墙壁同时灌注。照明器具、消火栓、奠基等，这些都可以设计到墙壁的板块中，还可以利用灰色水泥为背景加以带有色彩性的装饰物等，考虑对玄关大门进行设计。色彩设计也需要同时表现在图面上。（复印纸上涂色彩+色铅笔）

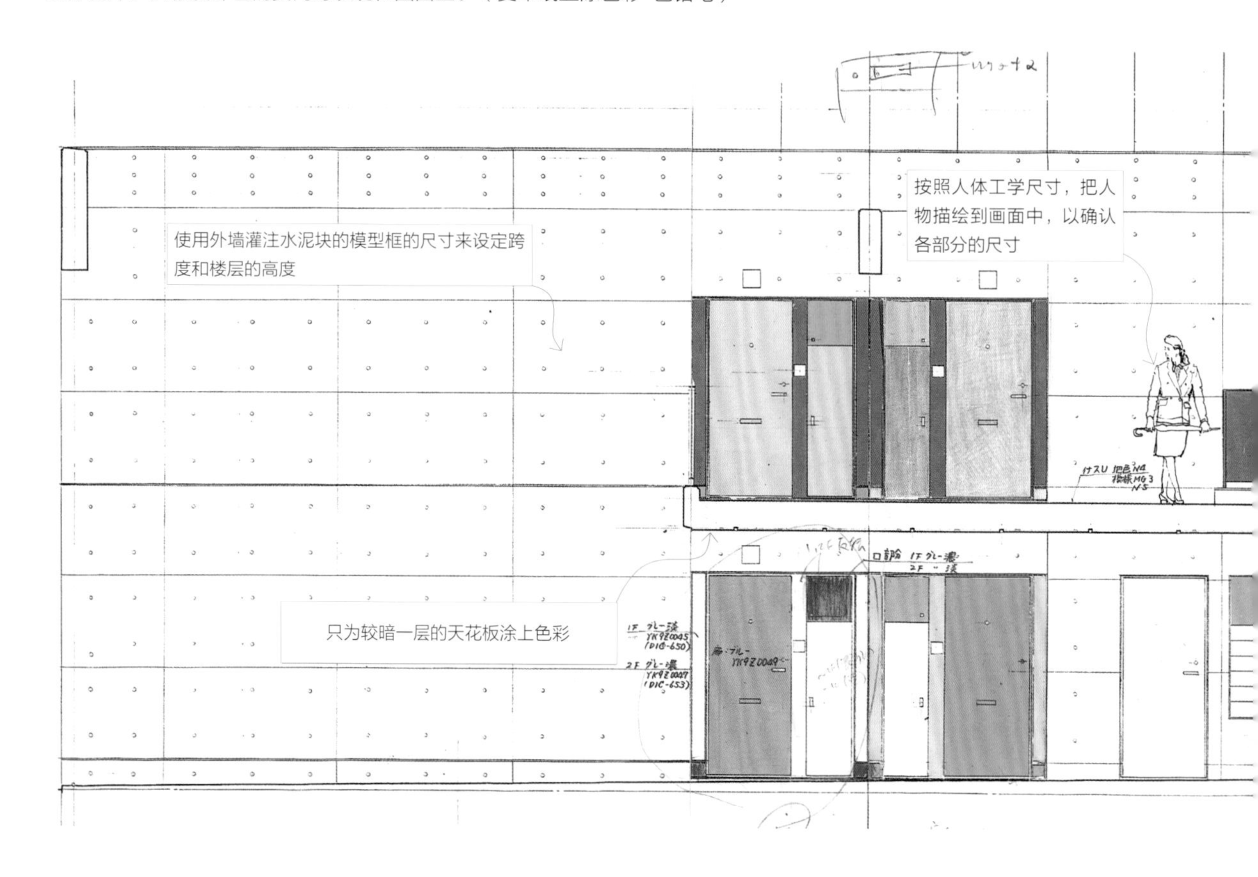
使用外墙灌注水泥块的模型框的尺寸来设定跨度和楼层的高度
按照人体工学尺寸，把人物描绘到画面中，以确认各部分的尺寸
只为较暗一层的天花板涂上色彩

●一地面俯视图和写生透视图

在使用单色瓷砖铺设地面时，需要适当添加一些色彩。在地面上，配合外壁的水泥板每隔900mm，以通道的中心为基准设置地面图案，并且让其成为楼梯的中心。这个900mm×900mm的格子被称为“模块”，模块的尺寸，由建筑物的尺寸决定。以模块为基准进行设计的话，尺寸会更规范，空间的秩序也由此诞生。

利用眼睛看不见却存在于空间中的立体格子设计尺寸有着非常重要的意义。正因为有这些不存在于现实中的基准线，现场的设计者才可以马上看出尺寸上的误差。

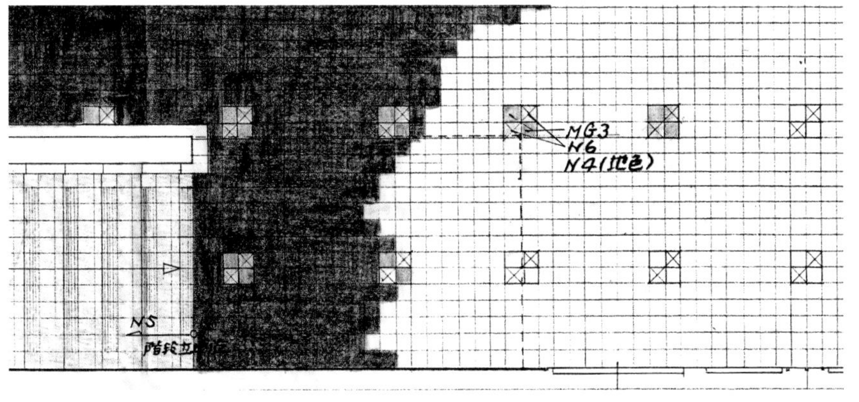

地面瓷砖的分割图（复印用纸+色铅笔）

二层夹层走廊。设计出入口与电表箱等为一体

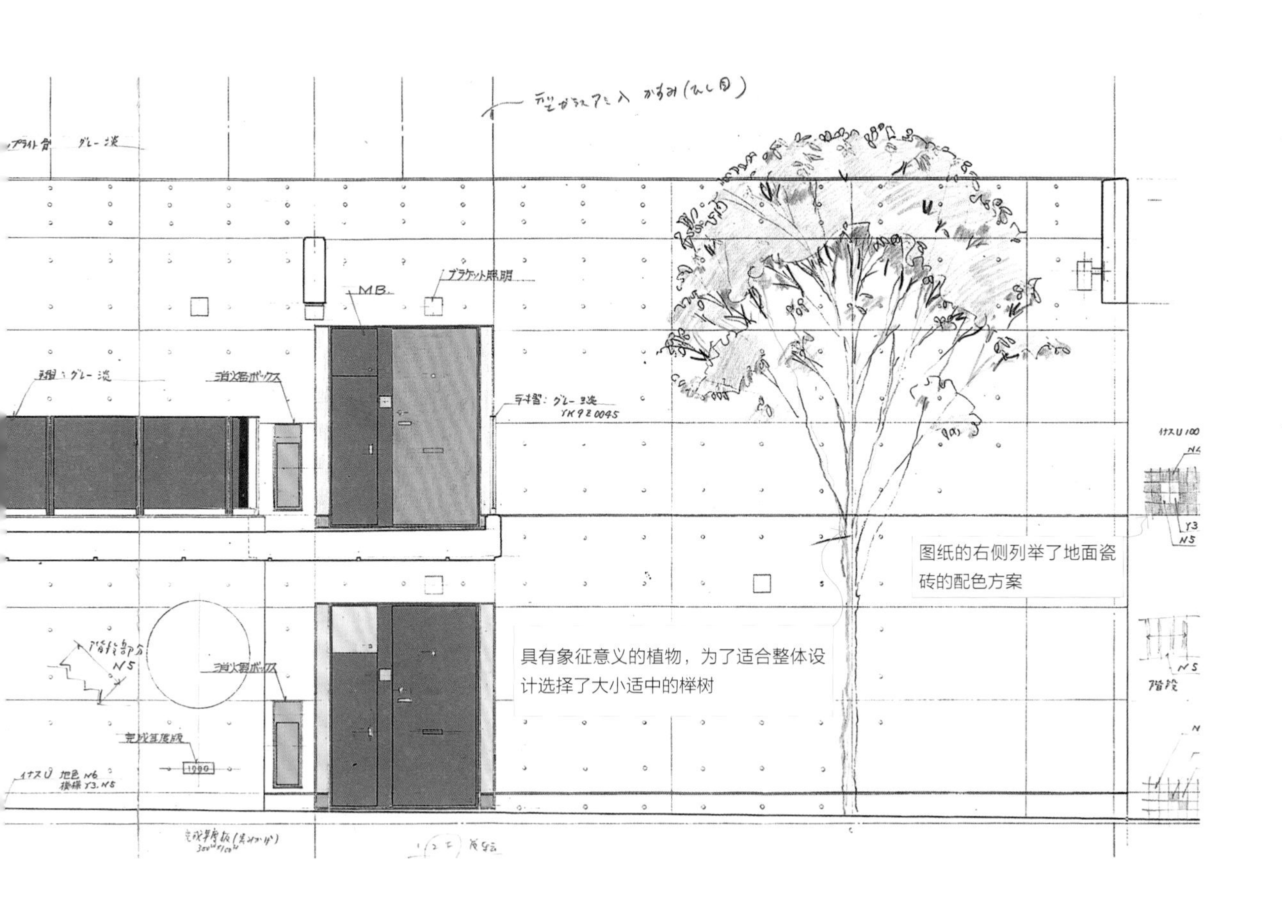

图纸的右侧列举了地面瓷砖的配色方案

具有象征意义的植物，为了适合整体设计选择了大小适中的榉树

大学校园翻新计划　实例／［T大学］

基础设计的理念

在设计教育场所时，应该打破陈规，重视以人为本，用人来充实空间的理念，使人们无论何时何地都能够找到自己的位置。既存建筑群和新建建筑物之间存在的外部空间，是教师和学生、学生和学生、或者地区住民们进行交流的场所，是具有各种动感的空间。

在注意观察景观、动线计划、秩序等的同时，需设置必要的元素，以建筑占地整体的平面图、剖面图、立面图和立体模型等为基础进行绘制，慢慢地就会看到整个建筑应有的姿态。边走边观察，想象在人们眼里，如何映衬出建筑物的“表情”、周围的景色等，是在进行速写时尤为需要关注的。理念是不必用语言来表达的，在图面上进行充分视觉化的展示，可以加强与团队成员的交流，也容易让团队很明确地向共同的目标努力。无论是什么样的建筑占地，即使再宽阔，在开始进行速写时，都应从A3纸开始。要掌握整体大小，展开双手能够包揽的范围是最合适的。

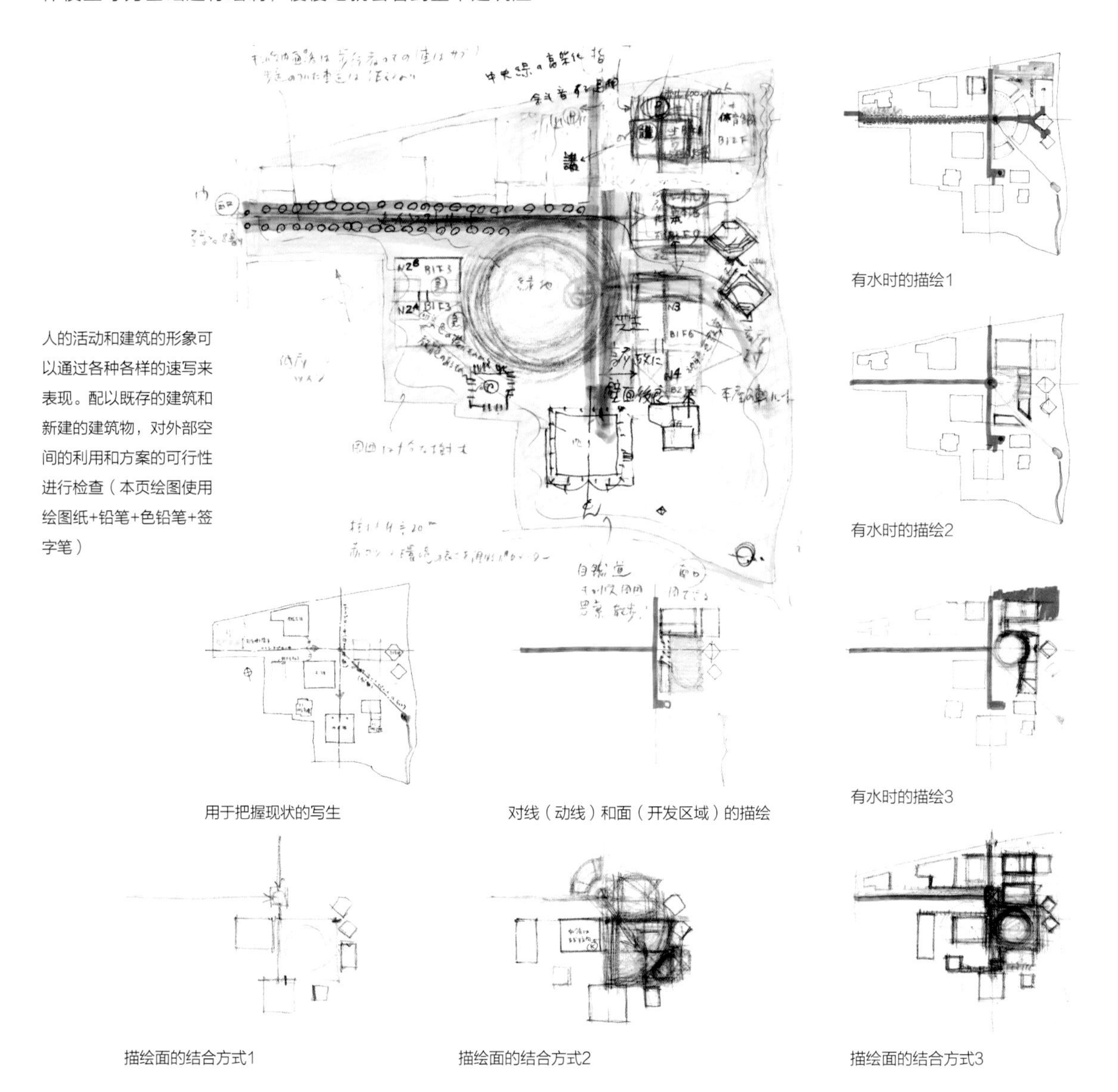

人的活动和建筑的形象可以通过各种各样的速写来表现。配以既存的建筑和新建的建筑物，对外部空间的利用和方案的可行性进行检查（本页绘图使用绘图纸+铅笔+色铅笔+签字笔）

有水时的描绘1

有水时的描绘2

有水时的描绘3

用于把握现状的写生

对线（动线）和面（开发区域）的描绘

描绘面的结合方式1

描绘面的结合方式2

描绘面的结合方式3

对建筑物正前方的研究

面对建筑物，在其正前方是何种感觉，在林荫路上靠近建筑物时对场景进行写生速写。根据距离感的不同进行比较。视点以视平线为基础。且希望用一些透视法进行描绘，研究视线尽头的视觉效果如何。在绘制时，建筑正前方的宽度，树木的高度都是需要重点检查的要素。
若想快速完成绘制，可使用色铅笔。

对建筑物正前方的研究方案1
从入口处看到的景色。以正面的主建筑作为象征标志，在图中暗示了步行的方向，道路两旁的树木起到引导的作用（三幅画都使用了绘图纸+铅笔+色铅笔）

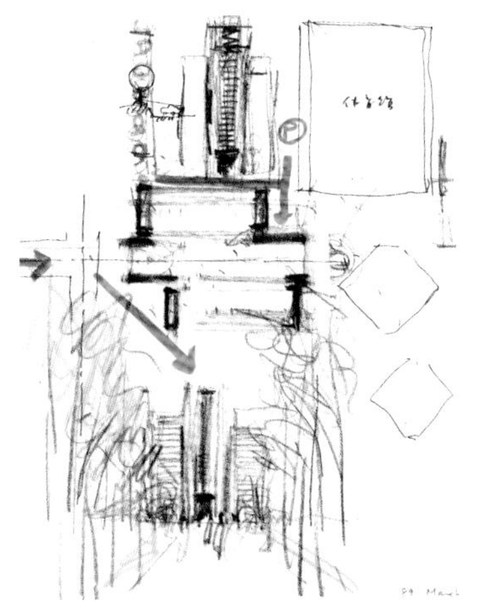

对建筑物正前方的研究方案2
一点一点接近主建筑，明确意识到主建筑的存在后，让动线向右倾斜45°，暗示附属建筑物的存在。在描绘平面图的同时，要注意多观察和研究

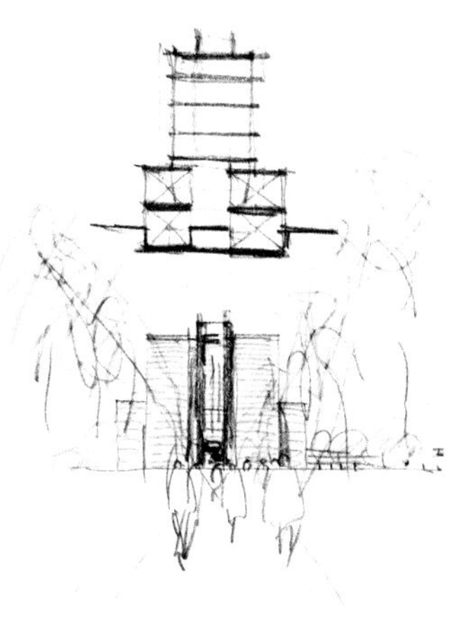

对建筑物正前方的研究方案3
再进一步接近主建筑，通过右侧的树木可以看到其他设施。此时，已经完成对视线上方主建筑的描绘，接下来需要制定出下一个目标物

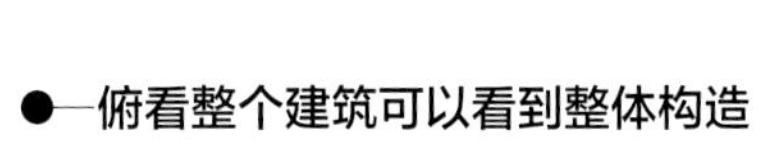

●—俯看整个建筑可以看到整体构造

通过观察平面图、剖面图、面积表等，使建筑形象具体化。随着内容的逐渐可视化，与客户及设计团队人员的交流也会进一步融洽，同时也有利于掌握建筑整体构成。因为脑海中的形象和内容具有即时性，所以需要有根据的尺寸和有助理解的绘图来记录设计想法。

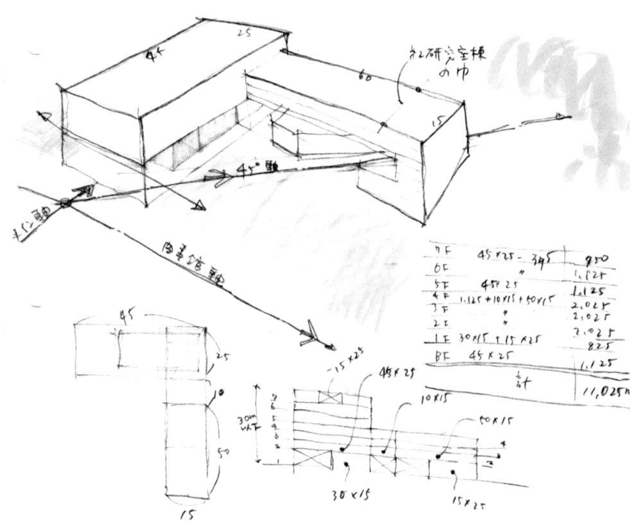

内容的可视化（绘图纸+铅笔+色铅笔）

外部空间和内部空间的连接

外部空间和内部空间有着密不可分的连接，它们是一体的。因此对外部空间进行设计制图时，经常要下意识地去考虑外部空间的装饰设计，对于内部空间也是一样。在此以庭院为例，以回廊处屋檐底面的高度为要点，确认与庭院空间和室内装饰设计的关系。

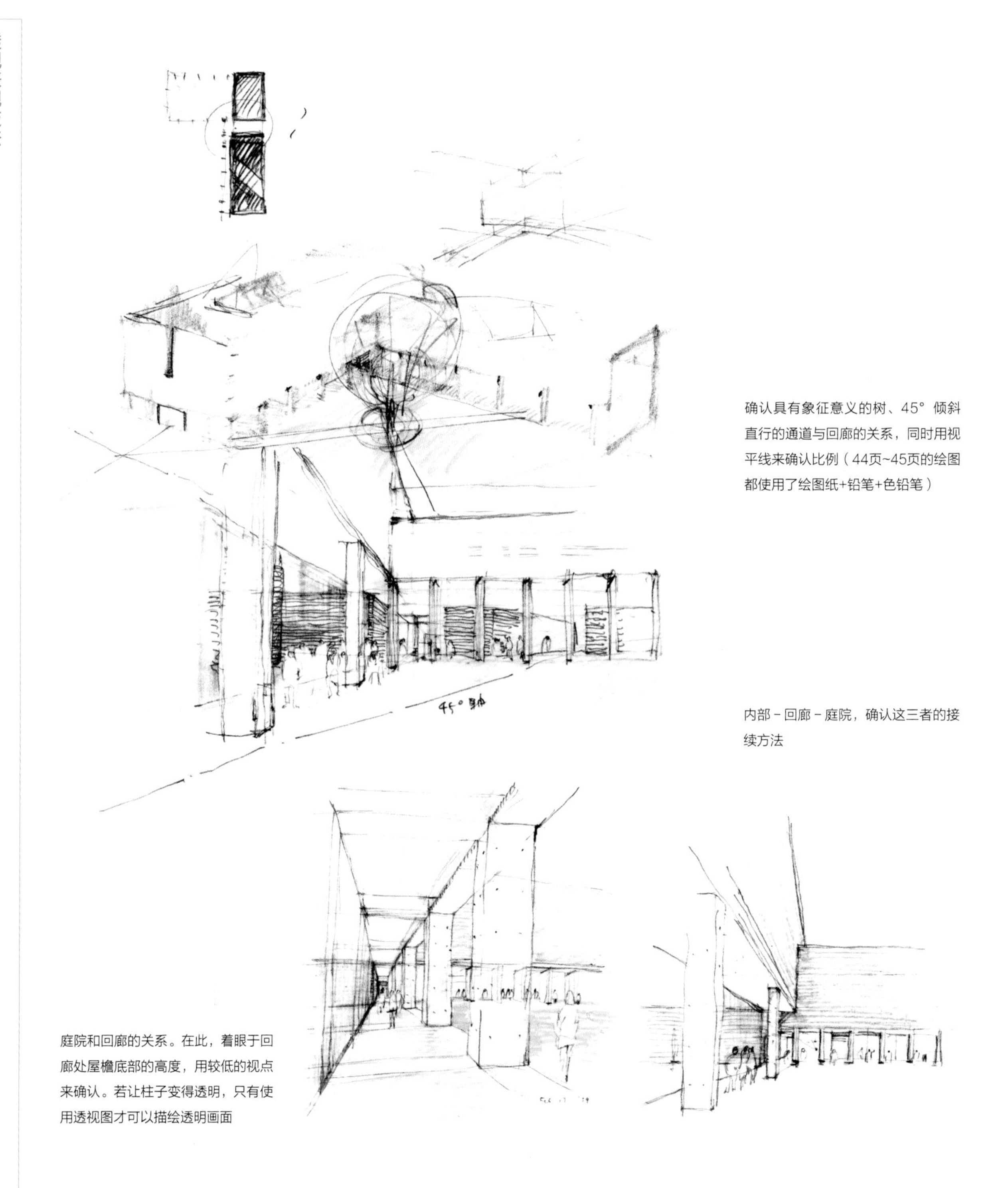

确认具有象征意义的树、45°倾斜直行的通道与回廊的关系，同时用视平线来确认比例（44页~45页的绘图都使用了绘图纸+铅笔+色铅笔）

内部－回廊－庭院，确认这三者的接续方法

庭院和回廊的关系。在此，着眼于回廊处屋檐底部的高度，用较低的视点来确认。若让柱子变得透明，只有使用透视图才可以描绘透明画面

庭院设计

庭院可以看作是没有房顶的室内空间，被建筑包围成具有三面或四面墙的形状，既是封闭的又是开放的。虽然在室外但不是外面，虽然在里面但又不是室内。根据容积量，可以将庭院打造出各种各样的空间。根据速写的思考方法（通过手绘用“手”思考的方法）描绘出庭院的构图。

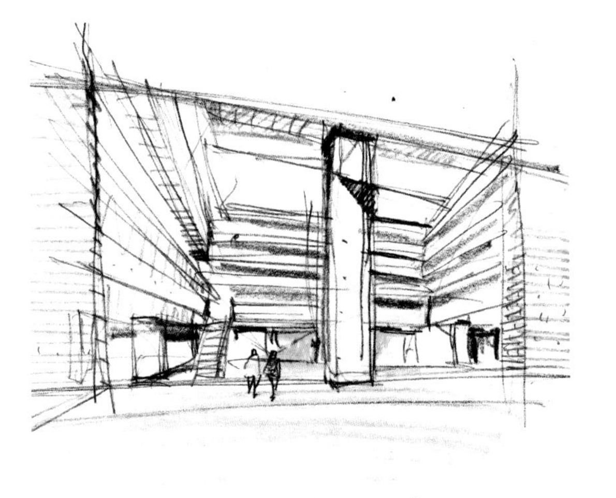

为验证在有很强包围感的空间里，楼梯是否配置在适当的位置的速写

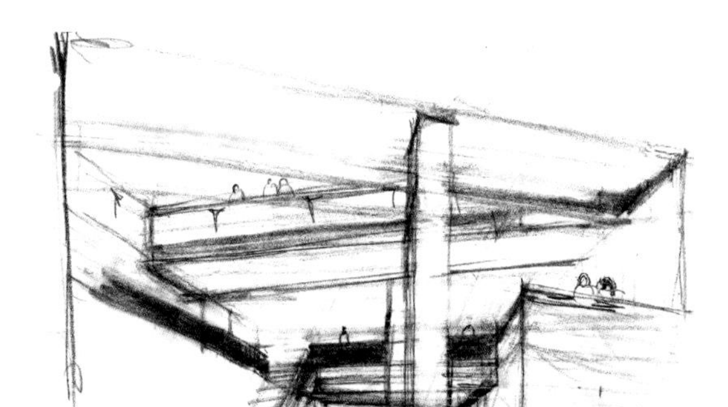

故意让正门变得窄小，来强调庭院的宽阔。柱子从墙壁中分离出来，作为象征性的装饰，起到了区别门区和其他区域的作用。顺着连续的墙壁向前可以走到庭院里。节省下的空间使庭院更宽阔

如果弄错平面（水平方向）和剖面（垂直方向）的平衡，空间中的比例就会失衡，是致命的错误。因此时而靠近时而远离，从各种角度进行绘制是非常重要的

描绘开口部的宽大。从建筑物之间可以看到具有代表性的树、庭院中的通道、底层的架空柱、楼梯和人物等。若将视点限定在开口部，人的视线方向就被固定。此时可以去体验富有变化的大门、广场、走廊、楼梯。边描绘边考虑画面的构成，如电影导演制作剧情画面那样，一边想象着背景和登场的人物，一边进行创作

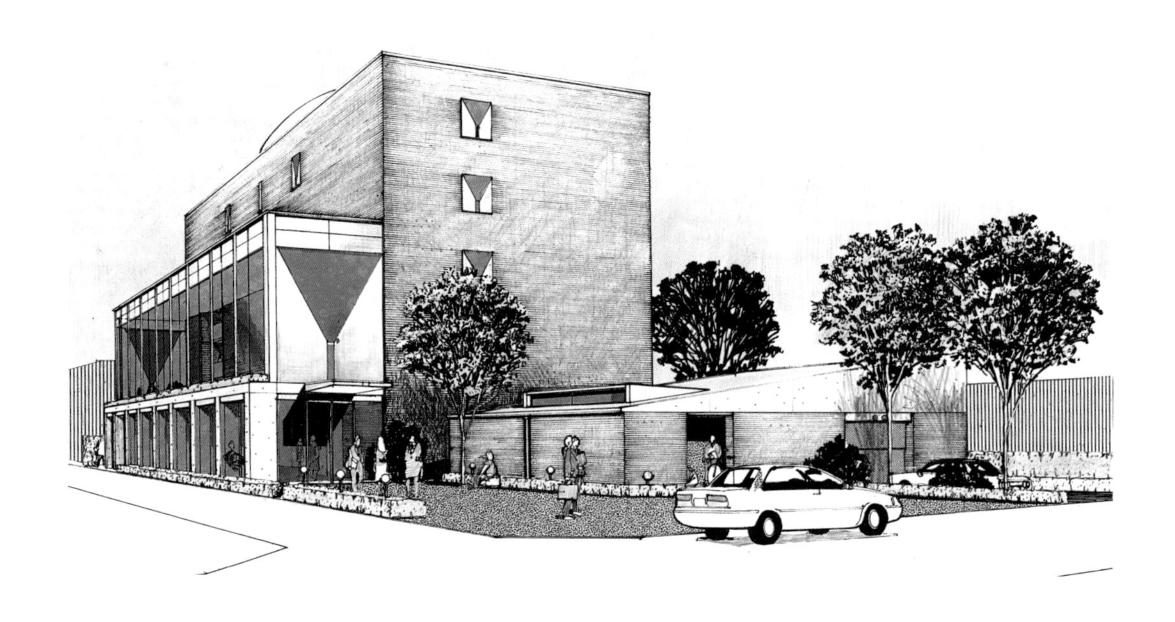

03 绘制透视图、点构图

本章中需要从对透视消失点的理解开始进行学习。首先，制作模型，对模型进行观察，寻找透视法中最基本的透视消失点。其次，围绕着以点、线、面、立体等投影到画面上的图像，对制作透视图的步骤进行解说。

制图方法多种多样，在此，介绍极其具有实践性的“使用一点透视消失点绘制两点透视图的方法”。以两点透视消失点的透视图为重点进行说明的原因是，如果对此有了充分的理解，那么就可以轻松画出一点透视图。并且，对“分割与倍增”法进行理解后，即可绘制透视图。

理解透视图的组合方法

制作模型

首先，使用黑和白两个颜色的苯乙烯板制作模型，先试着掌握其体积大小。然后，闭上一只眼从各个方向对模型进行观察。在此，希望确认一下VP透视消失点※1在什么位置。

还有，不仅可以改变视点的方向，还可以改变模型本身的方向，将会有新的发现，使透视图看上去更有新意。

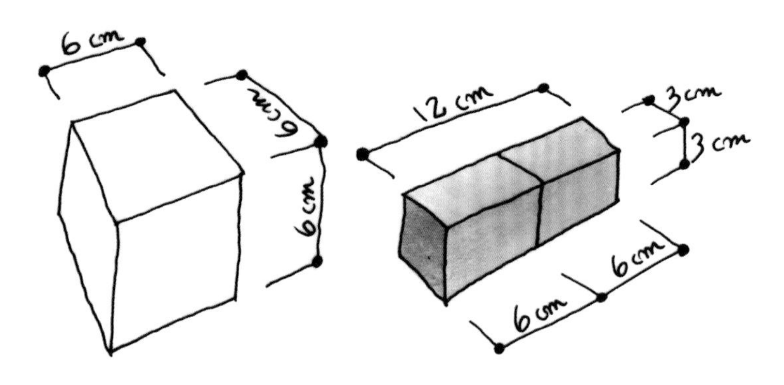

※1透视消失点（Vanishing Point）是指在透视投影时，与画面不平行的透视线与透视画面相交的点。通常，从正方向观察一个立体时，有一个透视消失点，从侧面观察时，有两个透视消失点。

●—这样看模型／从纯粹的立体模型开始创造

1. 确认透视消失点
绘制时变换视点，进一步观察透视消失点的变化，可以加深对其的理解。
2. 寻找最佳角度
寻找模型最美观的位置，或对形状的认识比较易懂的角度。
3. 根据模型让想象跳跃
从纯粹的立体模型开始，让想象膨胀，眼前的立体模型变换出其他的模型（立体拼装），也可称其为物品的异化。

A—两个立体模型相连

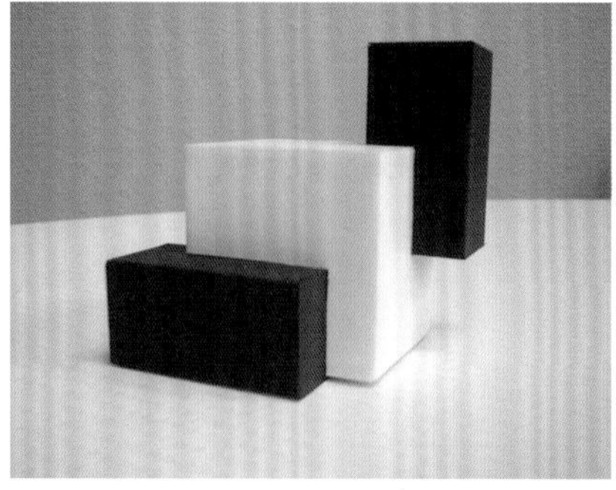

B—三个立体模型相连

C—从上俯看三个立体模型相连

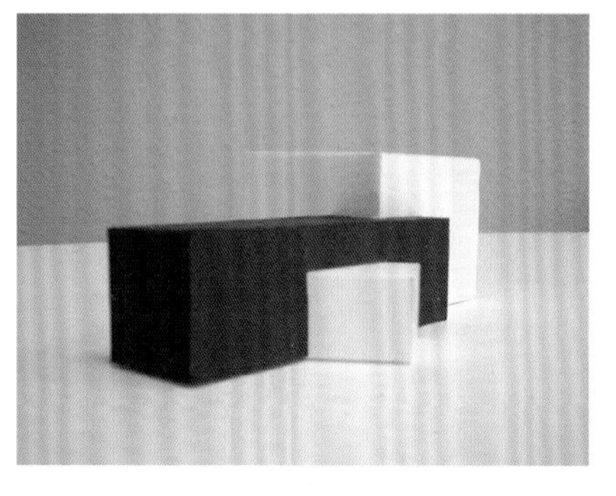

D—三个立体模型相连。变换视点寻找最佳角度

绘制模型

找出完工后模型的最佳角度，一边观察透视消失点一边进行绘制。
如果把模型的比例设想为1:100，相当于二层建筑；如果把比例设想为1:200，那么则相当于四层建筑。并且，如果把比例设想为1:1，还可以发展到产品设计的世界中。
同一个模型，通过变化比例、视点，就可以得到不同的形状。所以让思维跳跃起来，绘制过程也就变得更加有趣。

草图A
试想为住宅（别墅）。设想 S = 1:100。边想象室内设计，边描绘玄关、窗户等，并在周围适当添加景物，使模型变为建筑

●—立体产品设计

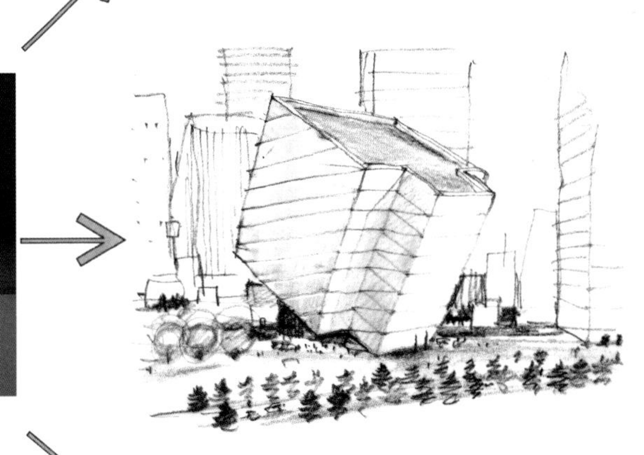

草图B
试想为楼房。设想 S = 1:500。添加景物时也要时刻考虑透视消失点，并相应地考虑占地比例，否则画面将很不自然

草图C
试想为笔筒。设想S = 1:1。还可以将其想象为座钟、照明用灯等。边描绘，边观察线条，还会有其他的形象涌现在脑海里。一旦开始了联想，那么手作为第二个大脑，就可非常自然地去绘画

如何观察立体

立体由面构成，面由线构成，线由点构成。

因此，空间上的点既可在透视画面上得出，还可以通过点得出特定的立体。首先，将立体试着分解为点、线、面。如下图所示，如果把立体视为点的集合的话，只要找到八个点，就可以描绘出透视图；如果把立体作为线的集合的话，那么画出四根线即可。同样，把立体作为面的集合的话，只要画出两个面即可。

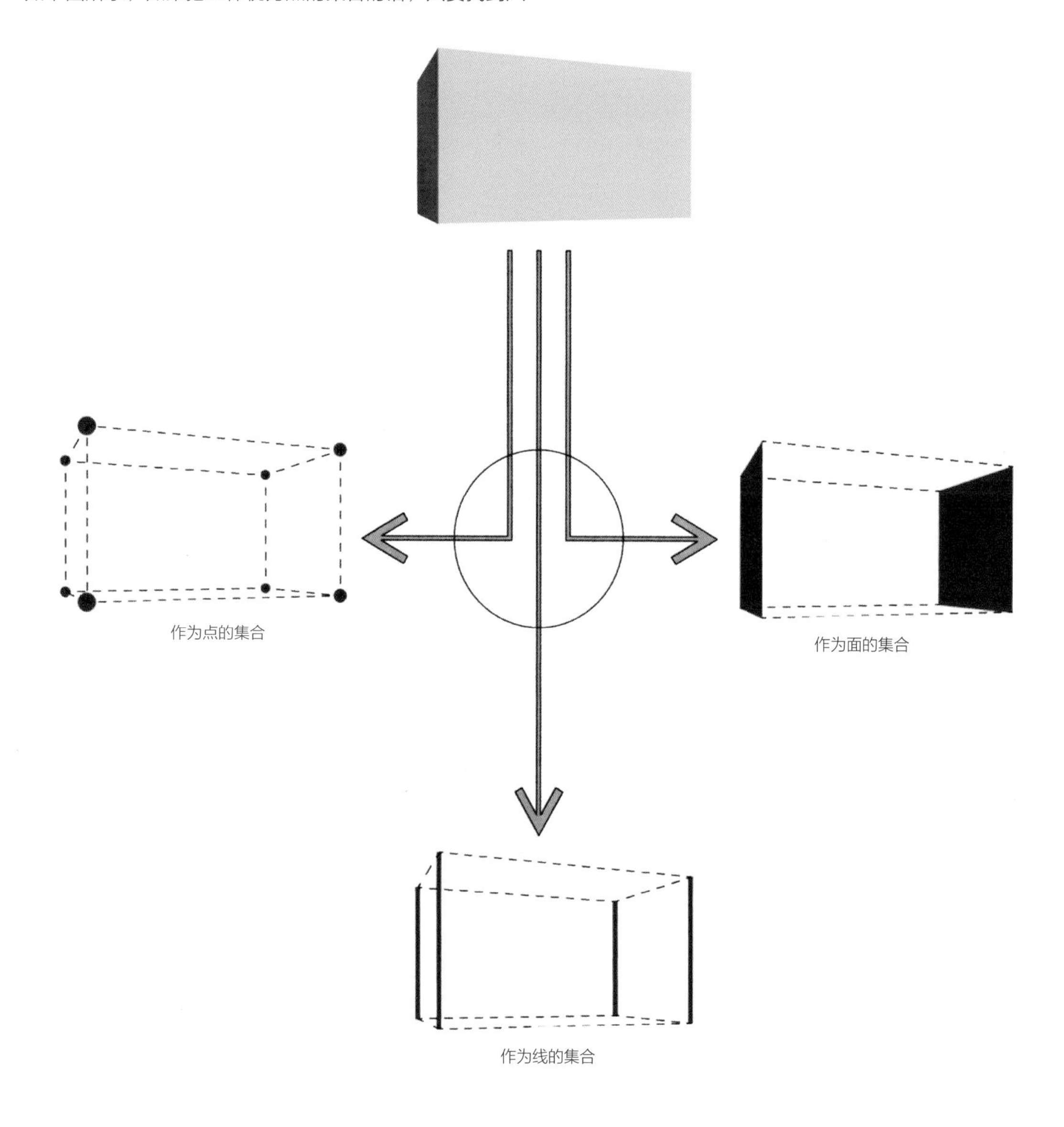

●—图法的种类

1. 平行透视法（一点透视法）立体本身和图面平行

2. 角透视法（两点透视法）立体本身和图面保持一定角度

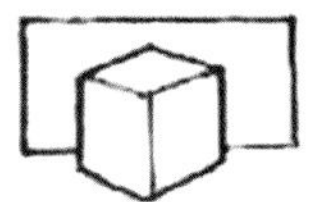

3. 其他（无消失点的立体图法）向三个方向绘出实际的长度（等距等）

透视图的角度

绘制透视图时，最重要的是决定角度。根据决定视角的方法，也决定了建筑物的角度。为了找出最好的角度，有如下三种方法可供参考。

1. 通过立体模型寻找适合的角度
2. 利用电脑上的3D模型或CAD图形寻找适合的角度
3. 依靠经验和感觉寻找适合的角度

角度的选择是透视图绘制的核心因素。

要求在平常绘制平面图时，加强对相应的立体空间进行绘制，并将所绘图形与参照绘图法而成的透视图进行比较，这是非常重要的。

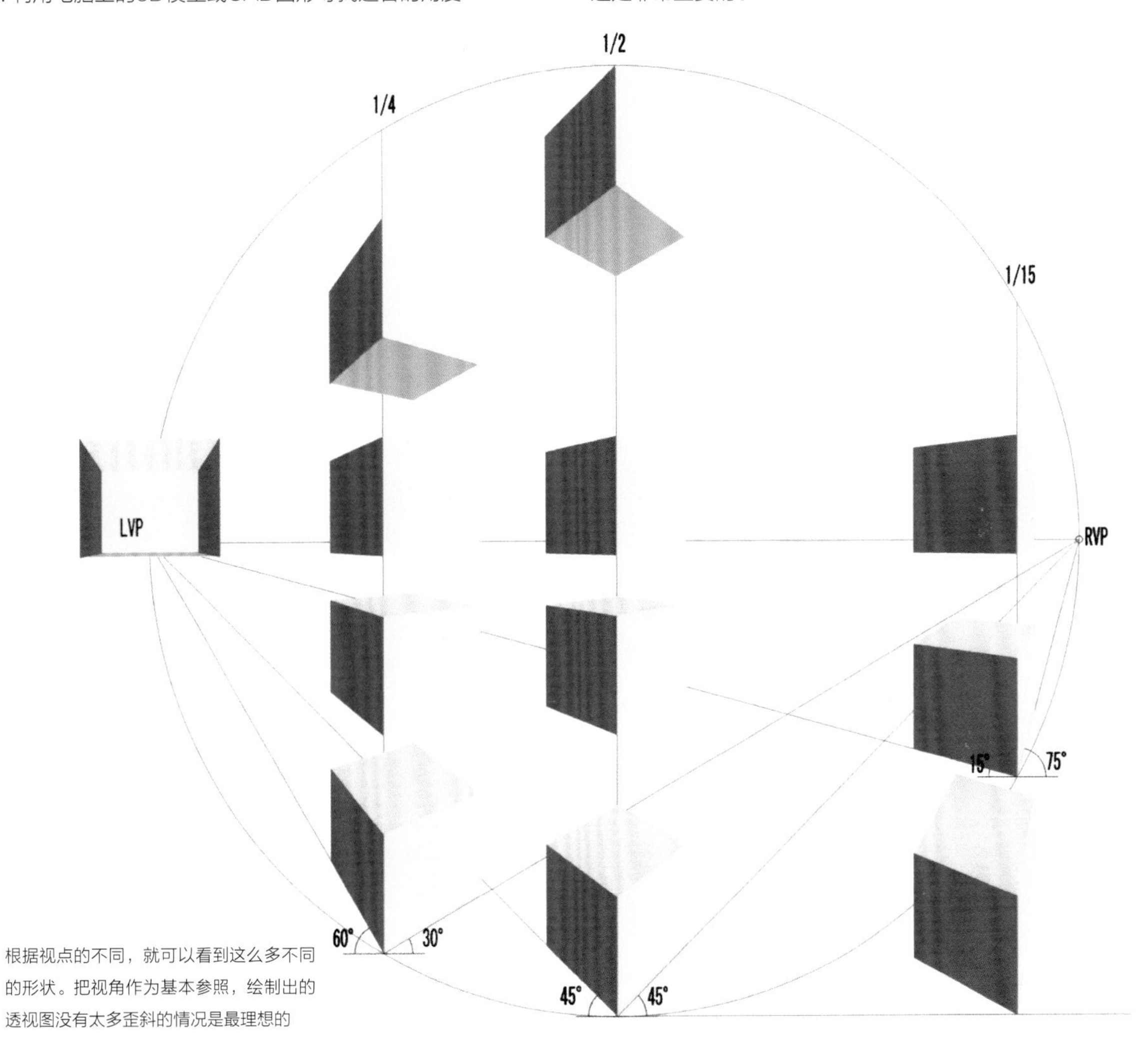

根据视点的不同，就可以看到这么多不同的形状。把视角作为基本参照，绘制出的透视图没有太多歪斜的情况是最理想的

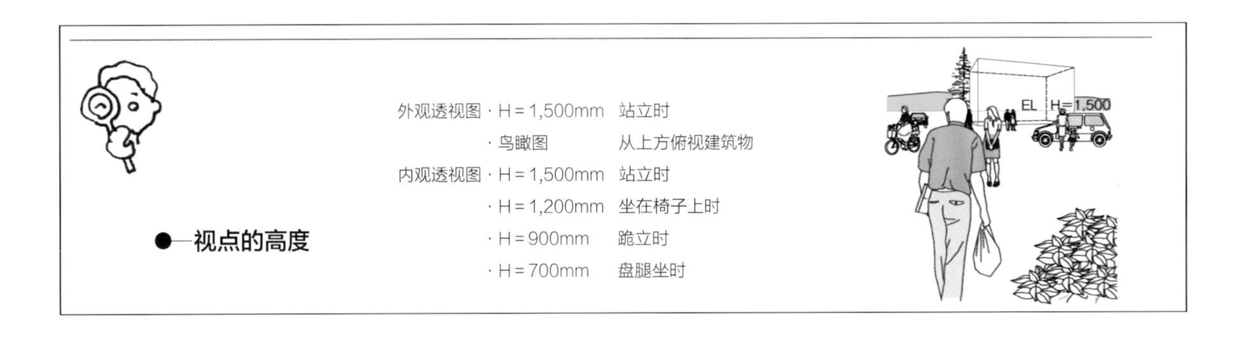

●—视点的高度

外观透视图 · H = 1,500mm 站立时
· 鸟瞰图 从上方俯视建筑物
内观透视图 · H = 1,500mm 站立时
· H = 1,200mm 坐在椅子上时
· H = 900mm 跪立时
· H = 700mm 盘腿坐时

试着作图

点的透视图 / 描绘空中的气球

设想“立体是由点的集合体构成的”。也就是说，如果特定出空中的点，把这些点相互连接，那么可以绘出任何形状的图形。在此，按照从A到D的顺序，对空间中点的透视图绘制方法进行讲解。

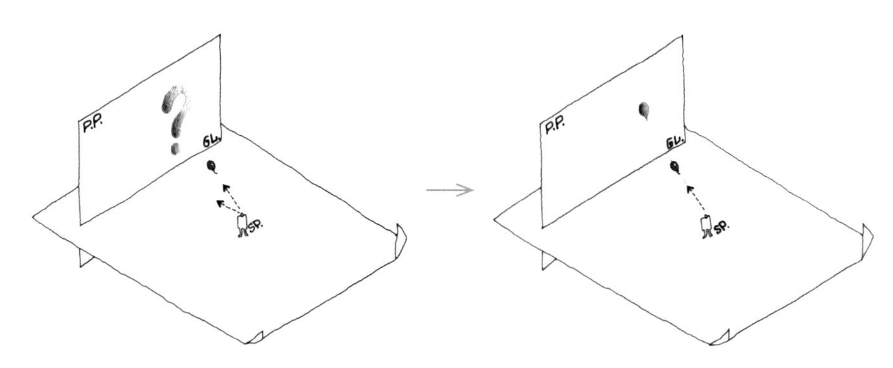

A 红色气球投影在屏幕上是什么样子?

B 也许是这样（猜想）的。应该是连接SP视点和气球并延长，其延长线到达屏幕后映出图像。

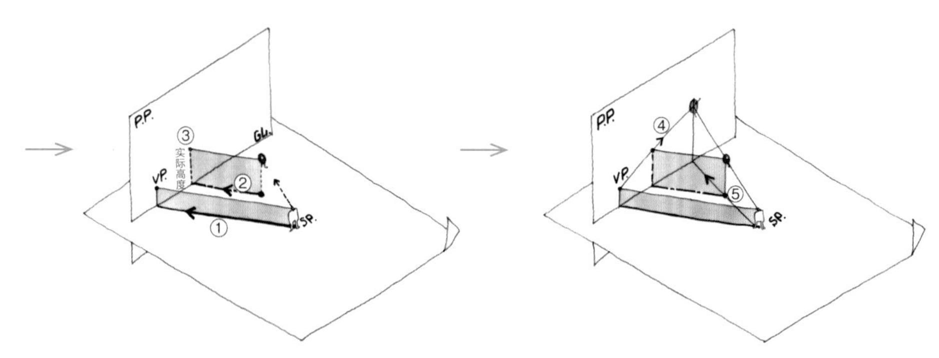

C 接下来具体进行作图以加强对细节的理解。画一条通过SP视点角度任意的线并与PP画面交于一点，其与SP视点同高即为VP消失点①。其次，将实际高度③沿着与①平行的方向移动到PP画面上②。

D 在PP画面上连接VP消失点到实际高度投影在PP画面上的点并延长得到④。连接SP视点与气球所在点，并延长得到⑤，其与④在PP画面上的交点即为所求点。

●总结 A ~ D

若在人所站立的平面上作图，PP画面上的东西就会如右图所示的那样。重点需要注意的是实际高度的取法。在平面上确认GL地平线，通过线①与PP画面的交点，向GL地平线绘出垂线，依据视点高度确认VP消失点在平面的位置。依此方法，通过线②绘出测量线ML，并在这条线上确认气球的实际高度③在平面上的位置，连接平面上两点并延长得到线④，与通过线⑤和PP画面的交点所作的GL地平线的垂线交于一点，即气球在透视图中的位置。

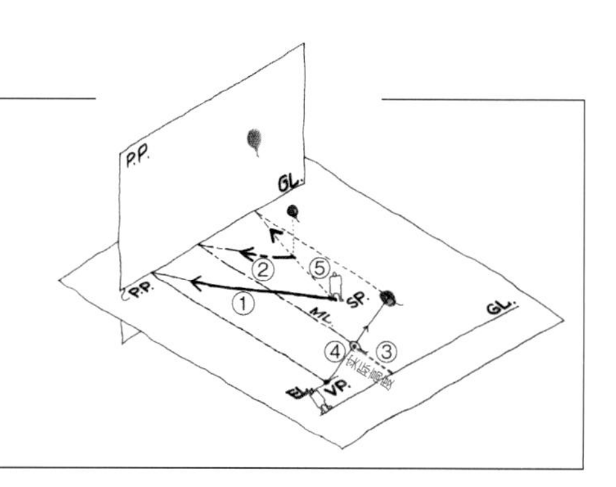

●—求出空间上的点

下面将左页的立体图换到平面上，并对具体的作图顺序进行详细的解说。

Ⅰ求出VP消失点：从通过SP视点作任意一条线，与PP画面相交于一点，从该点画一条向下的垂线①，即得到与EL视平线的交点VPL左消失点。

Ⅱ将F气球的高度移动到PP画面上：为了求出F气球的实际高度，通过F画一条①的平行线，通过该平行线与PP画面的交点画一条垂线②。把这条线称为ML测量线。

Ⅲ在ML测量线上，取气球的实际高度：以GL地平线为基线，在ML测量线上取F气球的高度③，称这个点为F'。

Ⅳ从 VPL 左消失点开始延长透视线：连接 VPL 左消失点到ML 测量线上的取点 F'，然后画出通过 F' 的线（透视线④）。

Ⅴ求出映射到PP画面上F气球的位置：连接从SP视点到F气球，在其延长线与PP画面相交的点上画出下垂线（⑤：假设这条线为“投影线”）。

Ⅵ求出④和⑤的交点：透视线④和投影线⑤的交点F'，即为映射在PP画面上的气球。

范例

ML(Measure Line)：测量线
PP(Picture Plane)：画面
SP(Standing Point)：视点
EL(Eye Level)：视平线
VP(Vanishing Point)：消失点
GL(Ground Level)：地平面
PLAN：平面图
SECTION：断面图
ELEVATION：立面图

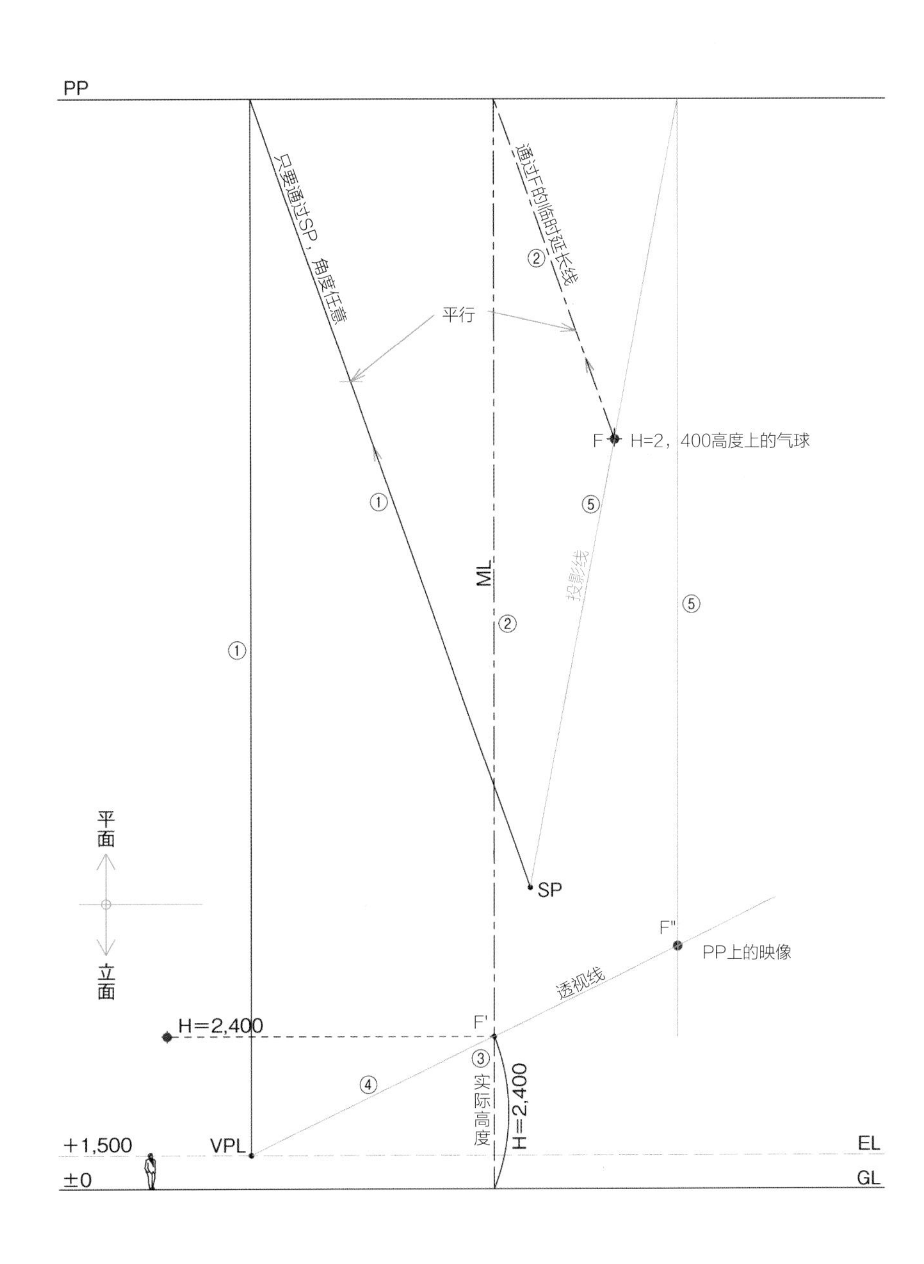

线的透视图／描绘电线杆

如果能作点的透视图，那么线的透视图也是一样。可以考虑为在同一个平面的位置上有高低不同的两点F1和F2。

在此，将按照从A到D的顺序，对在空间上画线的方法进行讲解。

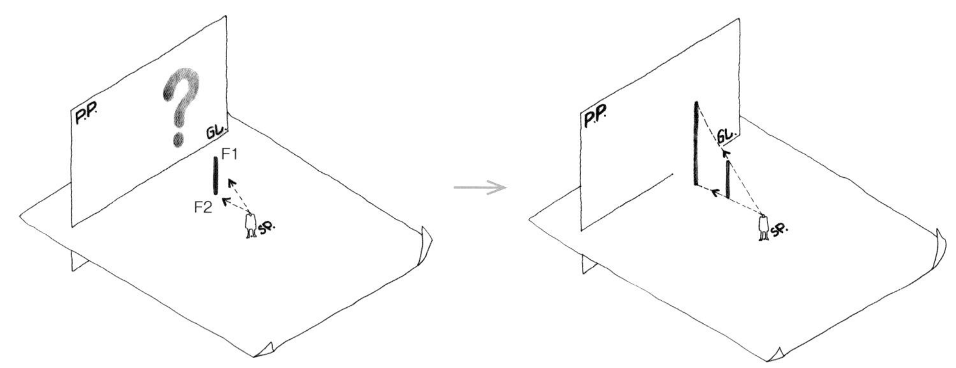

A 红色电线杆如何被投影到屏幕上呢?

B 也许，通过空间想象，就是这种感觉。

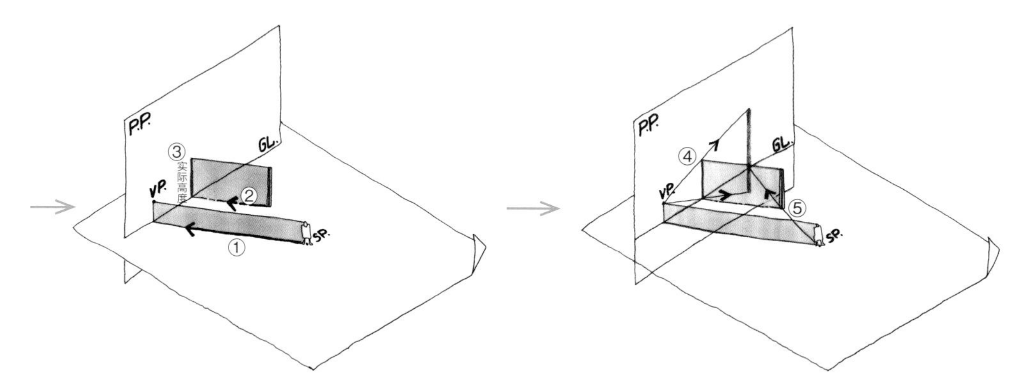

C 试着画透视图。画一条通过SP视点角度任意的线，与PP画面相交于一点，是与视点有同样的高度，点即成为VP消失点①。其次，沿与①平行的方向向PP上移动线段（③：实际的高度），得到②。

D 在PP画面上，连接VP消失点到实际高度所在点并延长得到透视线④，并且将SP视点与F2连线的延长线⑤交水平线GL于一点，即F2在PP画面上的位置。求出从SP视点看到的在PP画面上呈现出的效果。

●—总结 A ~ D

当在人站立的平面上绘制PP画面上的信息时，可以作出像右图这样的图。希望能够确认出F2的透视线是新增加的。

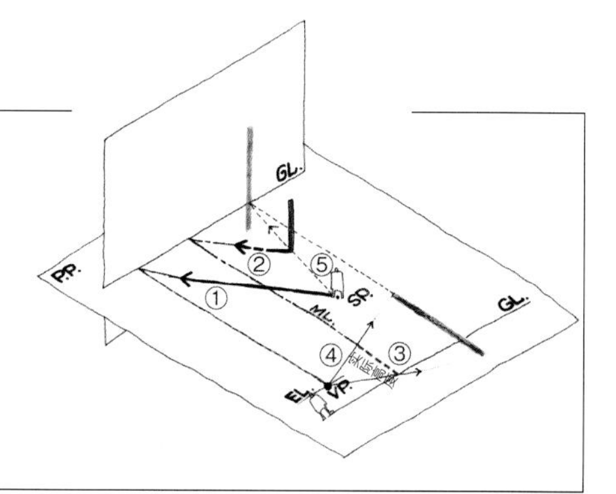

●—求出空间里的“线”（柱子的画法）

下面将左页的立体图转换到平面上，并对作图顺序及方法进行详细说明。

Ⅰ求出VP消失点：在通过SP视点的任意一条线和PP画面的交点处，画一条垂线①，得出与EL视平线的交点VPL左消失点。

ⅡF柱子的高度移到PP画面上：为了求出F柱子的实际高度，通过F作①的平行线和PP画面相交于一点，通过此点画一条垂线②，称此线为ML测量线。

Ⅲ取ML测量线上实际的高度：以GL地平线为基点，在ML测量线上取F1F2为柱子的高度③。

Ⅳ得到过VPL左消失点的透视线：从VPL左消失点分别画一条通过F1和F2的线（透视线④）。

Ⅴ求出映射在PP画面上F柱子的位置：连接SP视点与F柱子并延长与PP画面相交，通过该点画一条垂线（⑤：把这条线假设为“投影线”）。

Ⅵ求出④和⑤的交点：④透视线和⑤投影线的交点F1'、F2'作为透视点，即可求出投射在PP画面上的柱子。

范例

ML(Measure Line)：测量线
PP(Picture Plane)：画面
SP(Standing Point)：视点
EL(Eye Level)：视平线
VP(Vanishing Point)：消失点
GL(Ground Level)：地平线
PLAN：平面图
SECTION：断面图
ELEVATION：立面图

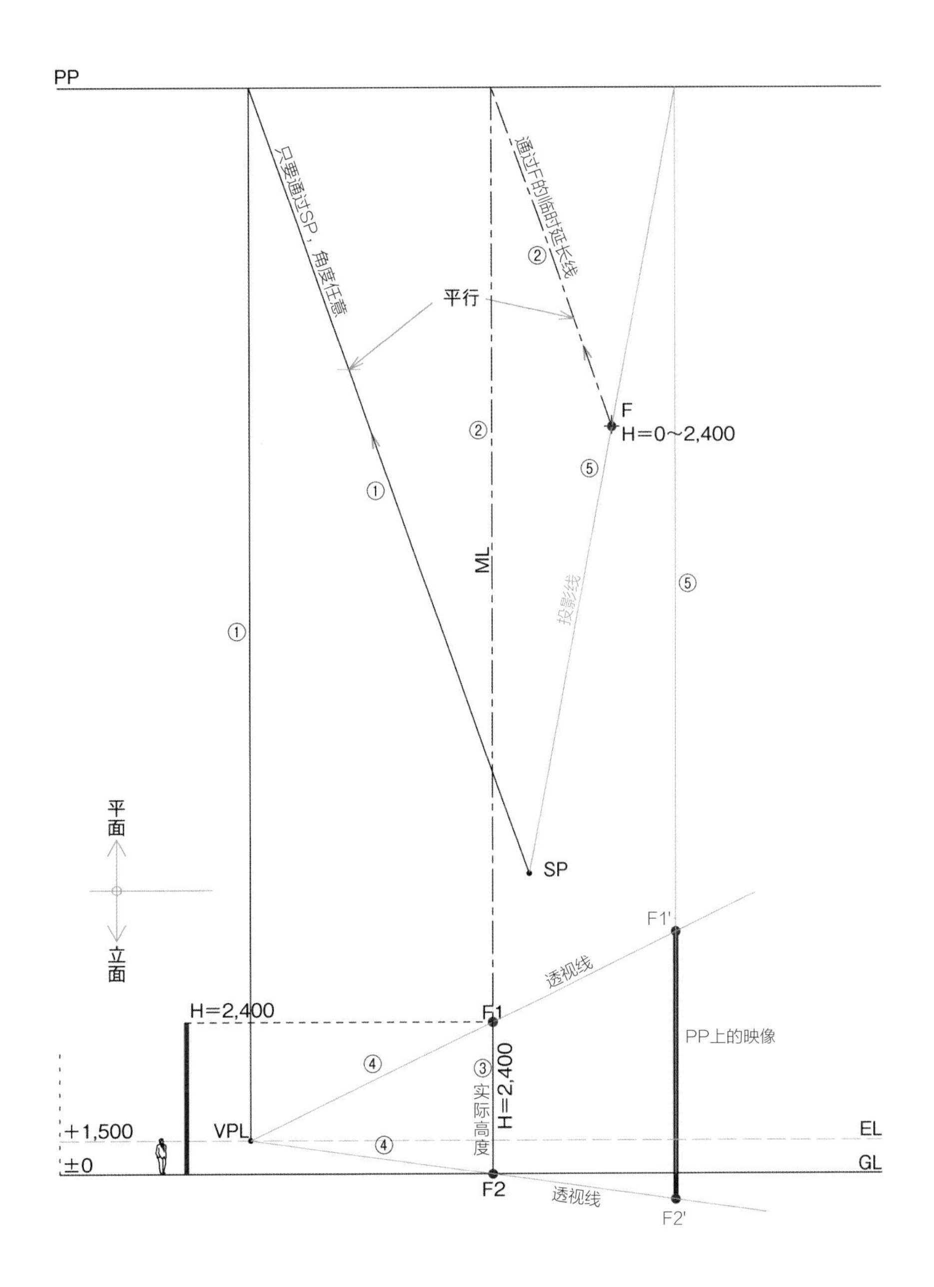

“线的集合为面”，为两根电线杆作图时，最好试想一下顶上的两个点和底下的两个点，并把它们连结为一个面，这样想象一下就比较容易理解了。在此，按照从A到D的顺序对空间上面的作图方法进行讲解。

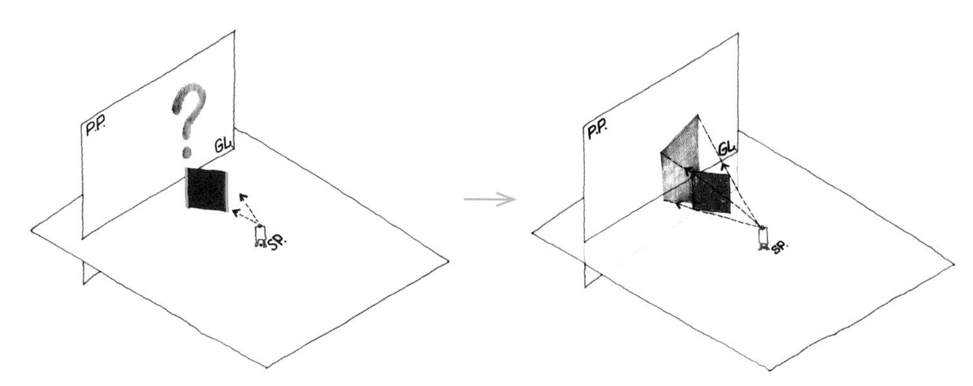

A 红色的墙壁如何投影到屏幕上呢?

B 也许，通过空间想象，就是这种感觉。

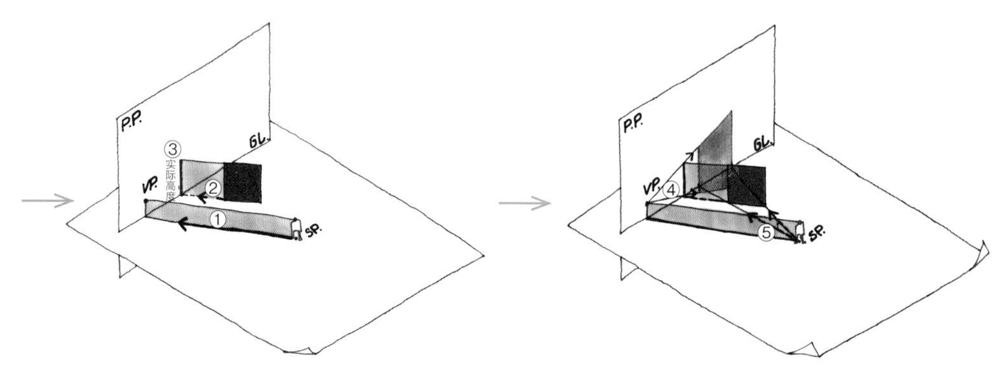

C 试着画透视图。画一条通过SP视点的线，与PP画面相交于一点，其与视点有同样的高度，该点即成为VP消失点①。其次，沿与①平行的方向向PP画面上移动面上的线，得到②，在PP画面上得到线的实际高度③。

D 在PP画面上，连接VP消失点到实际高度所在的点，并延长透视线④，求出从SP视点看到的在PP画面上呈现出的效果⑤。

●总结 A ~ D

当在人站立的平面上绘制PP画面上的信息时，可以作出如右图这样的图。

墙壁是由两根同样高度的柱子构成的，因此，只要画出两根柱子，就可以画出墙面。

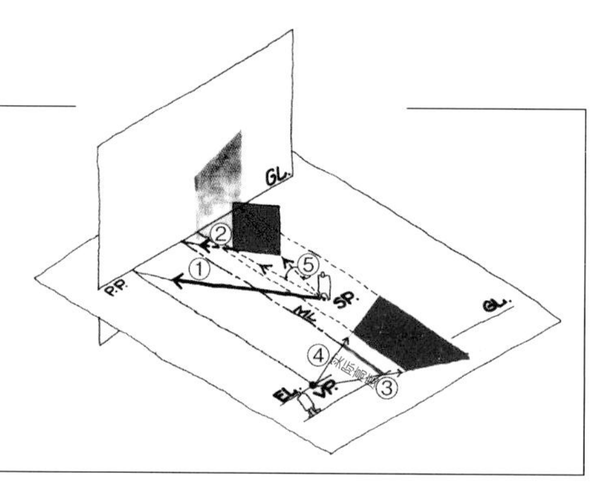

●—求出空间里的“面”（应用了一根柱子的画法）

将左页的立体图片转换到像下图这样的平面上，重新设定墙面AB，详细制图方法如下。

使用“线的透视图”的绘制方法，作出A、B两根柱子的图，可以想象，把它们互相连接，即可成为一面墙壁。

Ⅰ求出VP消失点：在通过SP视点的任意一条线和PP画面的交点处画一条垂线①，得出与EL视平线的交点VPL左消失点。

ⅡF柱子的高度移到PP画面上：为了求出两根柱子的实际高度，分别通过A和B在其与PP画面的交点处画垂线②，分别称其为MLa、MLb测量线。

Ⅲ取ML测量线上的实际高度：以GL地平线为基点，在MLa、MLb测量线上取出表示A、B实际高度的A1A2及B1B2③。

Ⅳ 得到过VPL左消失点的透视线：从VPL左消失点开始分别画一条通过A1、A2和B1、B2的线（透视线④）。

Ⅴ 求出映射在PP画面上F和墙壁的位置：分别连接SP视点和A或B，通过其延长线与PP画面的交点，画一条垂线（⑤：把这条线假设为“投影线”）。

Ⅵ 求出④和⑤的交点：连接④透视线和⑤投影线的四个交点A1'、A2'、B1'、B2'，就会出现一个台形的物品，即投射到PP画面上墙壁的效果。

范例

ML(Measure Line)：测量线
PP(Picture Plane)：画面
SP(Standing Point)：视点
EL(Eye Level)：视平线
VP(Vanishing Point)：消失点
GL(Ground Level)：地平面
PLAN：平面图
SECTION：断面图
ELEVATION：立面图

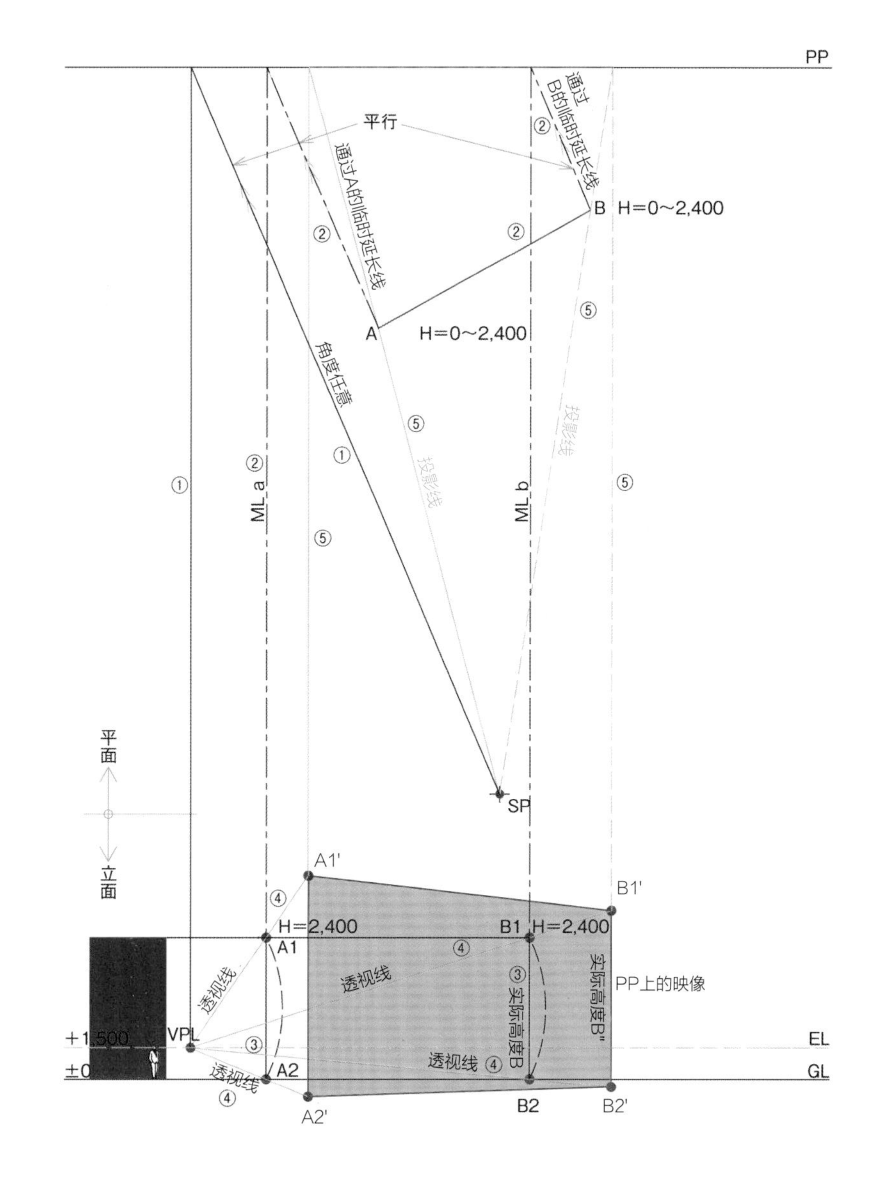

接下来将对立体空间取点的顺序进行解说，要领与前面的方法完全相同。按照01～06的顺序，亲自动手去感受。还有，最后的07，把01～06集成到一起，希望作为一个总结，大家可根据需要进行使用。利用此方法，是使用了一个消失点来绘制两点的透视图。

01 组合立体，决定SP视点

设定立体和SP视点的位置。立体与PP画面的角度，一般为如右图所示，大概为15°～30°。如果角度多一点或少一点，绘制出的透视图，正面和侧面都会失去张弛。为了决定SP视点，重要的是边瞄准立体的重心，边把其放入60°的视野中。不仅是平面方向，高度方向的视野也是同样。

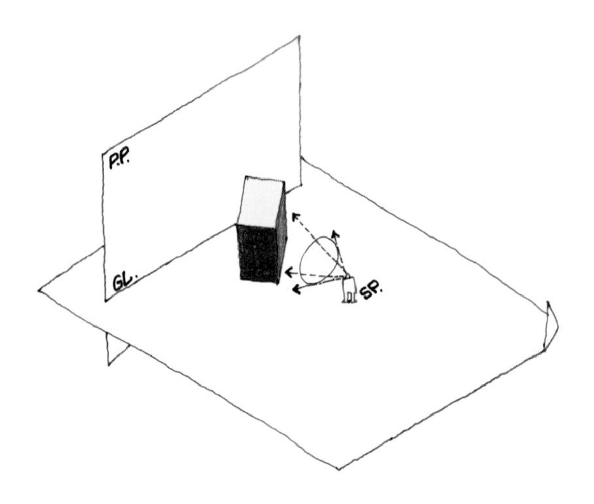

PP
D
A
C
15°～30°
B
平面图
瞄准立体的重心
60°
SP

☆1:为了消除不自然的歪曲，把SP视点放置在60°以内的视野中，以确定立体图的位置。高度方向也是同样。

☆2:当面与同PP画面平行的时候，就得到具有一个消失点的透视图（平行透视图），如果面与PP（画面）有着一定的角度，就得到具有两个消失点的透视图（有角透视图）。

02 作图的准备

在纸面的上部设置好平面图，其次，如右图这样，在下部绘制一幅立体图（或者断面图）。试想描绘透视图的空间，不要影响绘图即可。然后画出EL（视平线：H＝1,500mm），作图的准备就完成了。

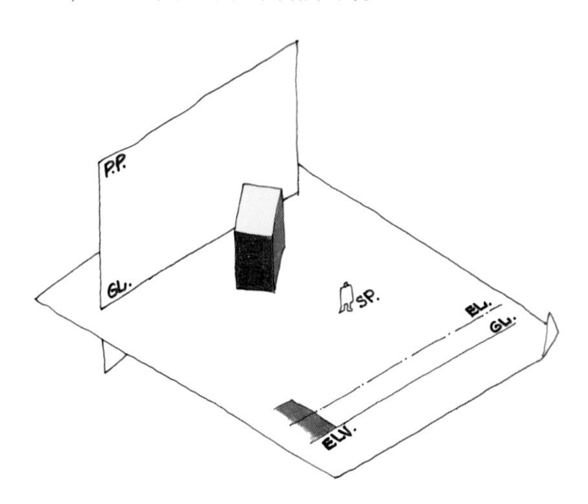

PP

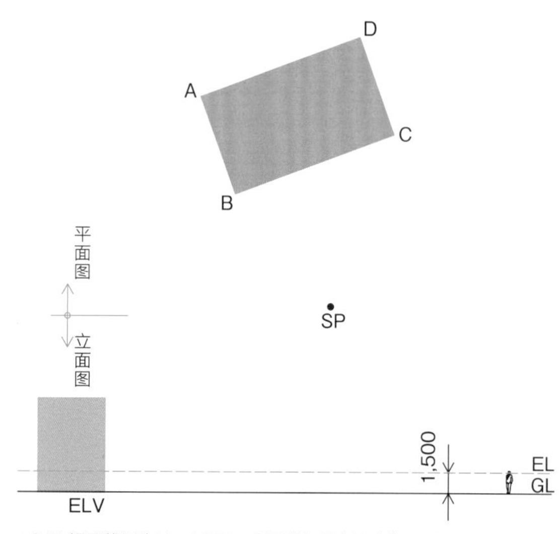

☆3:EL视平线设为H＝1,500，利用附加景色把人物画到图中，把视线固定在同样高度，只改变视线以下的身体长度，就可表现出进深。

03 求出VP消失点

马上进入制图阶段了。通过SP视点画一条与侧面AB边线平行的线，在其与PP画面的交点处向下画垂线。这条垂线与EL视平线的交点，即是VP消失点①。然后，延长AB线（临时延长线②）。

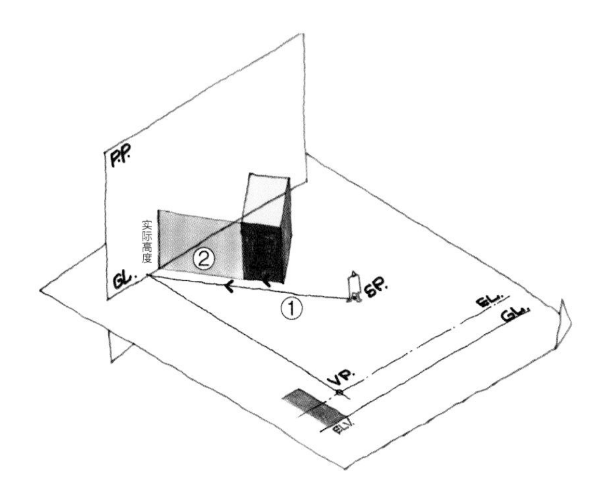

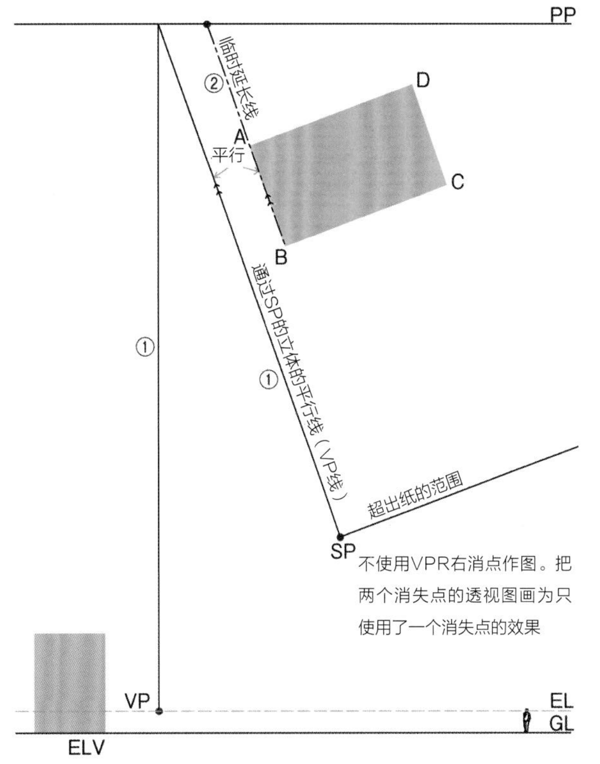

04 ML测量线上取实际高度

为了画出AB所在左侧面的透视图，需要把实际高度移动到PP画面上。临时延长线②和PP的交点，正好在实际高度的所在线上出现，想得到实际高度就可以从这个点上画一条向下的垂线（ML测量线）。

接下来在ML上取得实际高度③，从VP消失点向其实际高度的两端点画透视线。其次，得到从SP视点向A、B方向的延长线（⑤投影线），从与PP的交点处画垂线，即可求出与透视线④的交点A1'、A2'、B1'、B2'。

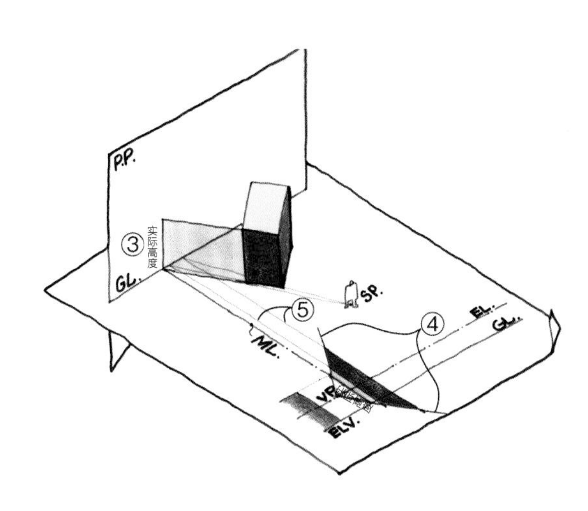

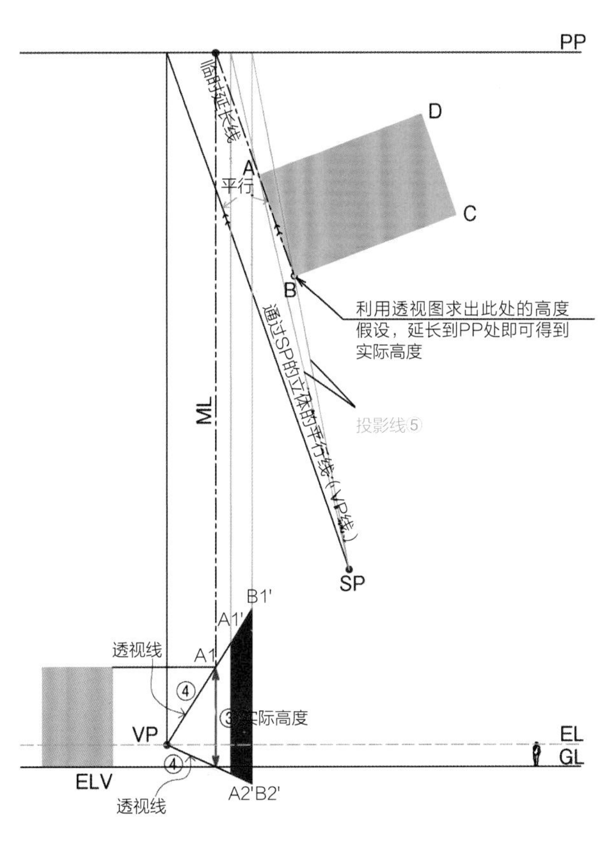

05 画线C1' C2'

与步骤04一样，求出右侧面的CD线在画面上的线。临时延长线②'与VP线（求VP消失点时画的线）总是保持平行。可以看见的只有C1' C2'，所以不用取D点。在通过“临时延长线”与PP画面的交点处所画的垂线（ML测量线）上取实际高度③'。从VP消失点向实际长度的两端点，画透视线④'。其次，从SP视点向C点，延长投影线⑤'，从与PP的交点处画垂线，就可以求出与透视线的交点C1'或C2'。

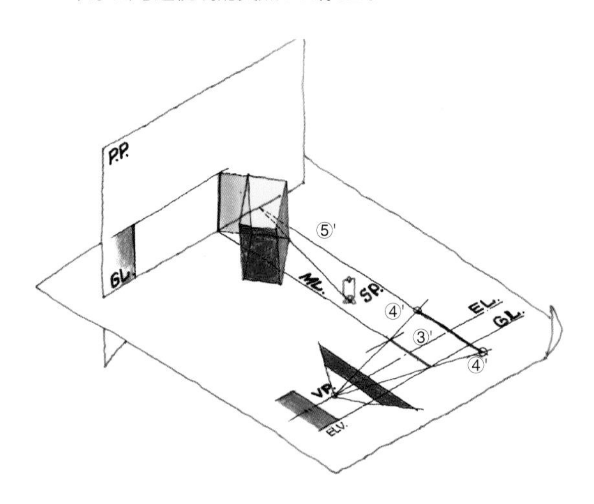

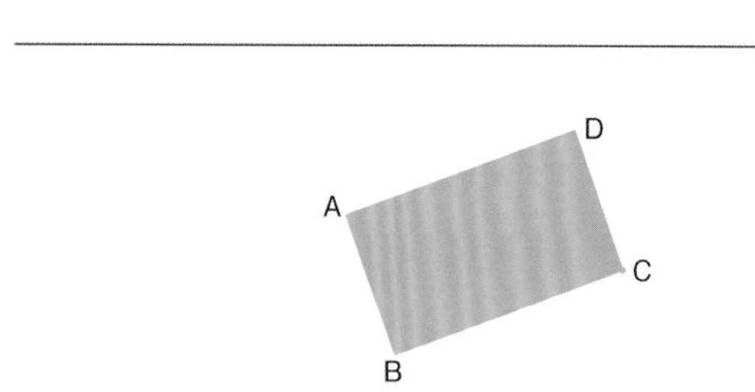

06 连接所有的线即完成作图

连接B1'和C1'、B2'和C2'，右侧面就被连接起来，立体物的整体即完成了。顺便说一下，B1'C1'或者B2'C2'的延长线上还有一个VP消失点存在（VPR），即使这个VPR不存在，只依靠接近立体的VP一点，即可画出具有两个延长消失点的透视图。

并且，如果PP画面位于立体的后面，还可以得到更大的图像。

如果把EL视平线设定在高于房顶面的地方进行描绘，即可得到俯视鸟瞰图。

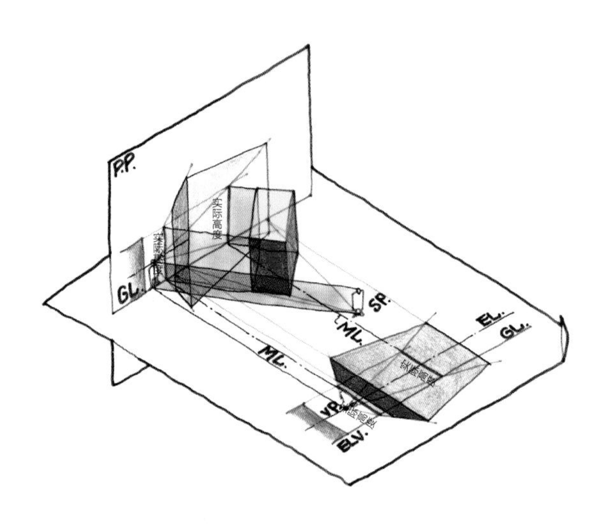

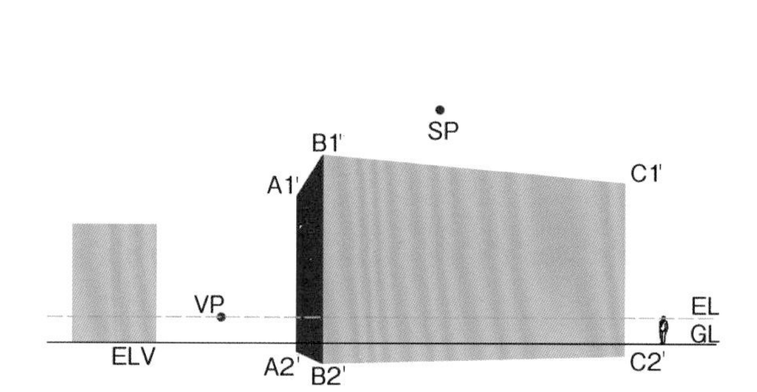

07 归纳总结

总结上述步骤01～06，可以得出下图。希望多留意ML测量线（MLab、MLcd）的求出方法和实际高度的求出方法。如果正确理解这些方法，接下来只需要重复操作即可。不要急于一次性画出整体，对每一个要素进行完全掌握后，无论是多么复杂的透视线都可以轻而易举地画出。

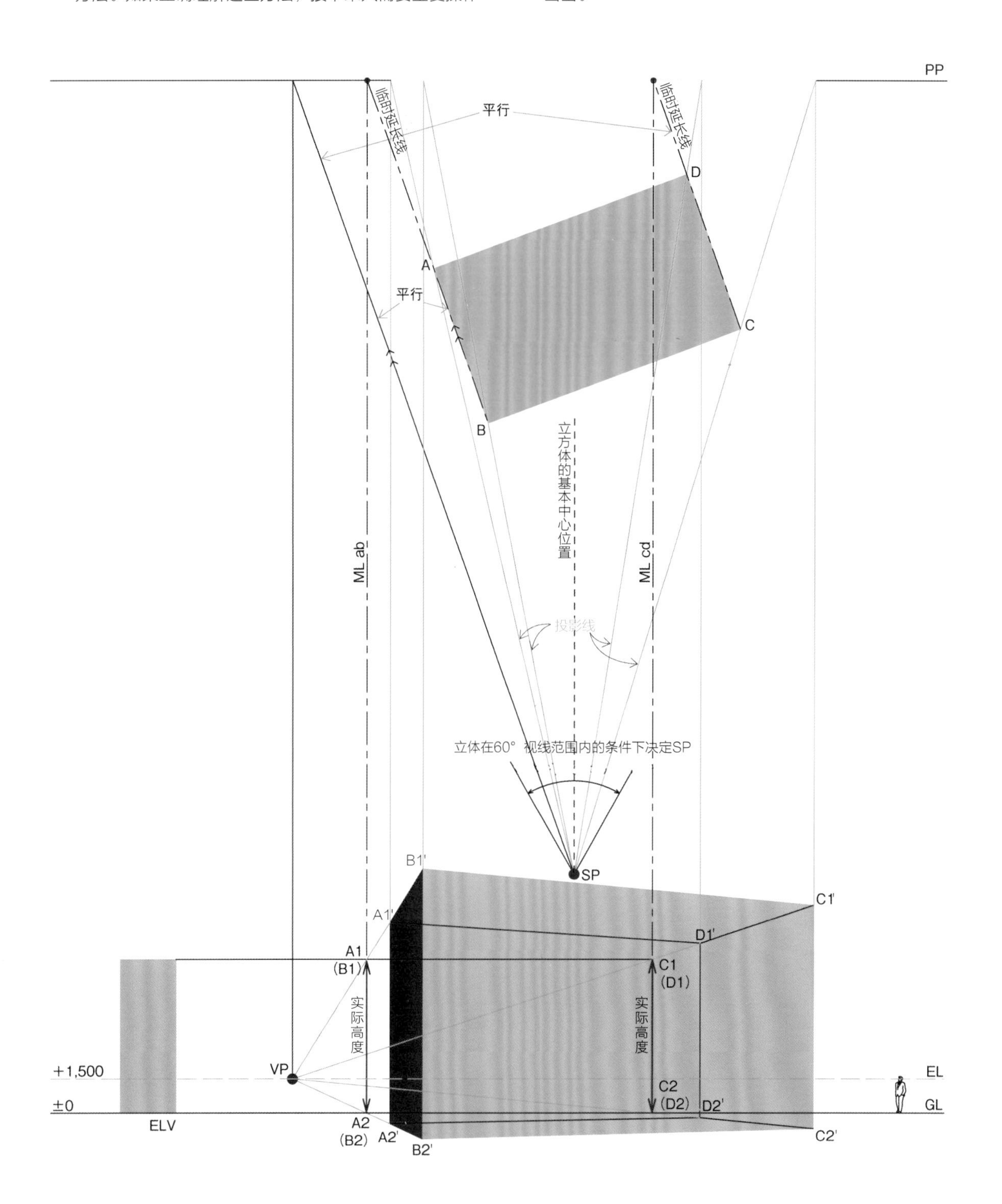

使用一个消失点绘制两点透视图

有两个消失点的透视图称为两点透视图。实际上，画两个消失点时，经常出现的问题是，两个消失点（VPR右消失点和VPL左消失点）中的较远一点VPR，有时会在纸张外面或制图板上（参照下图）。

但是，如果只利用VPL制图的话就没有问题。“两点透视图只用一个消失点制成”的原因也即在此。适当利用这个方法，可以在有限的空间内得到更大的图像。

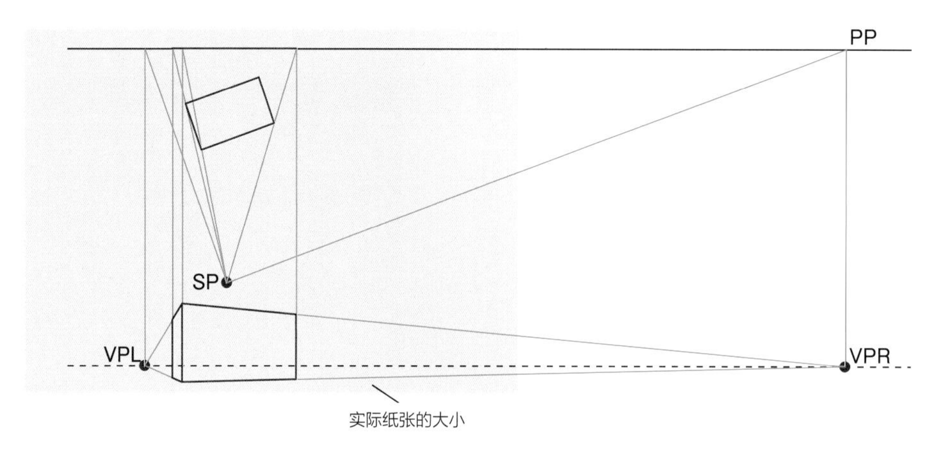

本来有两个消失点，但VPR在纸张以外，为了在纸张上完成制图，只使用了VPL来进行绘制

●—只用VPL即可完成两点透视图

为了将正面和侧面表现得张弛有度，无论如何都无法利用较远的VP消失点。像右图这样，只利用VPL左消失点作图的话，可以不用介意纸张的大小，尽情地进行绘制。

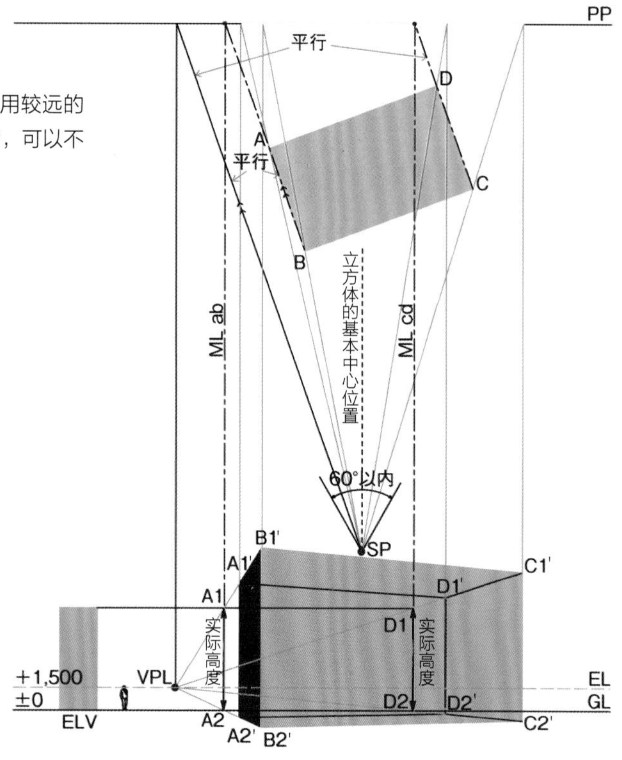

只利用VPL一点作图的实例。因此绘制两点透视图时依靠此方法即可

把PP画面放置在立体后面的原因

把PP画面放在立体的后面或PP画面前面，效果如下图所示。虽然可以得到同样的图像，但大小不同。如果想要更大的图像，PP画面放在立体的后方，可以得到被扩大的透视图。两种情况下制图方法是完全一样的。

无论哪种情况下，都需要注意实际高度的取法，把画面与立体是分离的，因此在PP画面上无法得到实际长度。所以，有必要暂时把实际线条延伸到PP画面上（黑色虚线＝ML测量线）。

不过，延长线要求与经过SP视点的黑色实线保持平行。另外，在ML测量线上取得实际高度，然后仅从VP消失点处延长透视线。

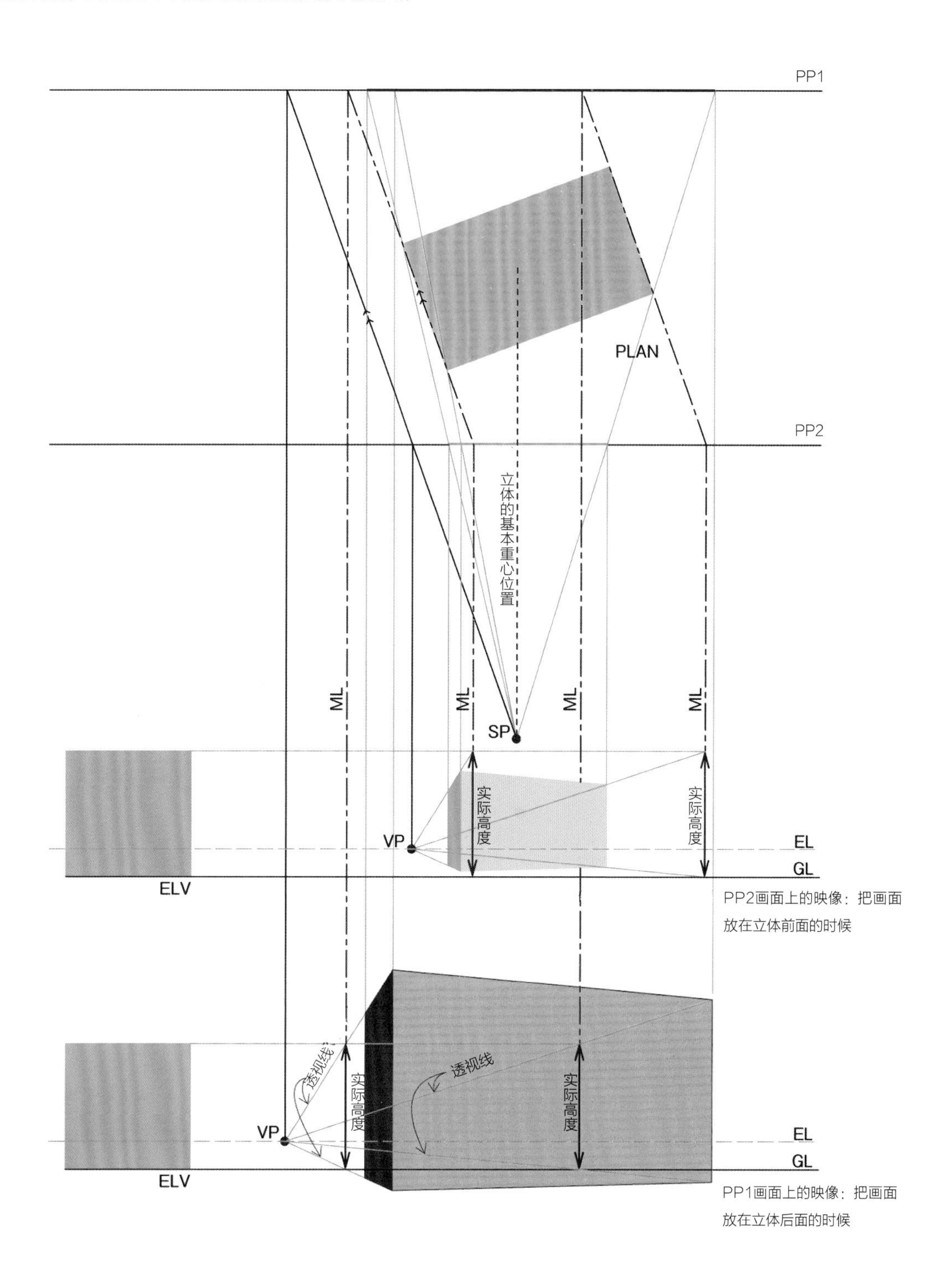

从外观的透视图到内观的透视图（两点透视表现的内观透视图）

如果移动SP视点到可以看到内壁的地方进行描绘，即可得到内观透视图。作图的要领与制作外观透视图时是一样的。需要注意的是，把视点设定在比外观透视图的视点稍低的位置。因为描绘对象多是室内装饰，所以以椅子等的高度为主，通常由站立时的EL视平线的高度，H＝1,500mm，变成了1,200mm（坐在椅子上时）、900mm（跪立时）、700mm（盘腿坐时）。并且，对描绘天花板也是室内装饰透视图的特征，比起地面，天花板在透视图中占的角度更大一些。

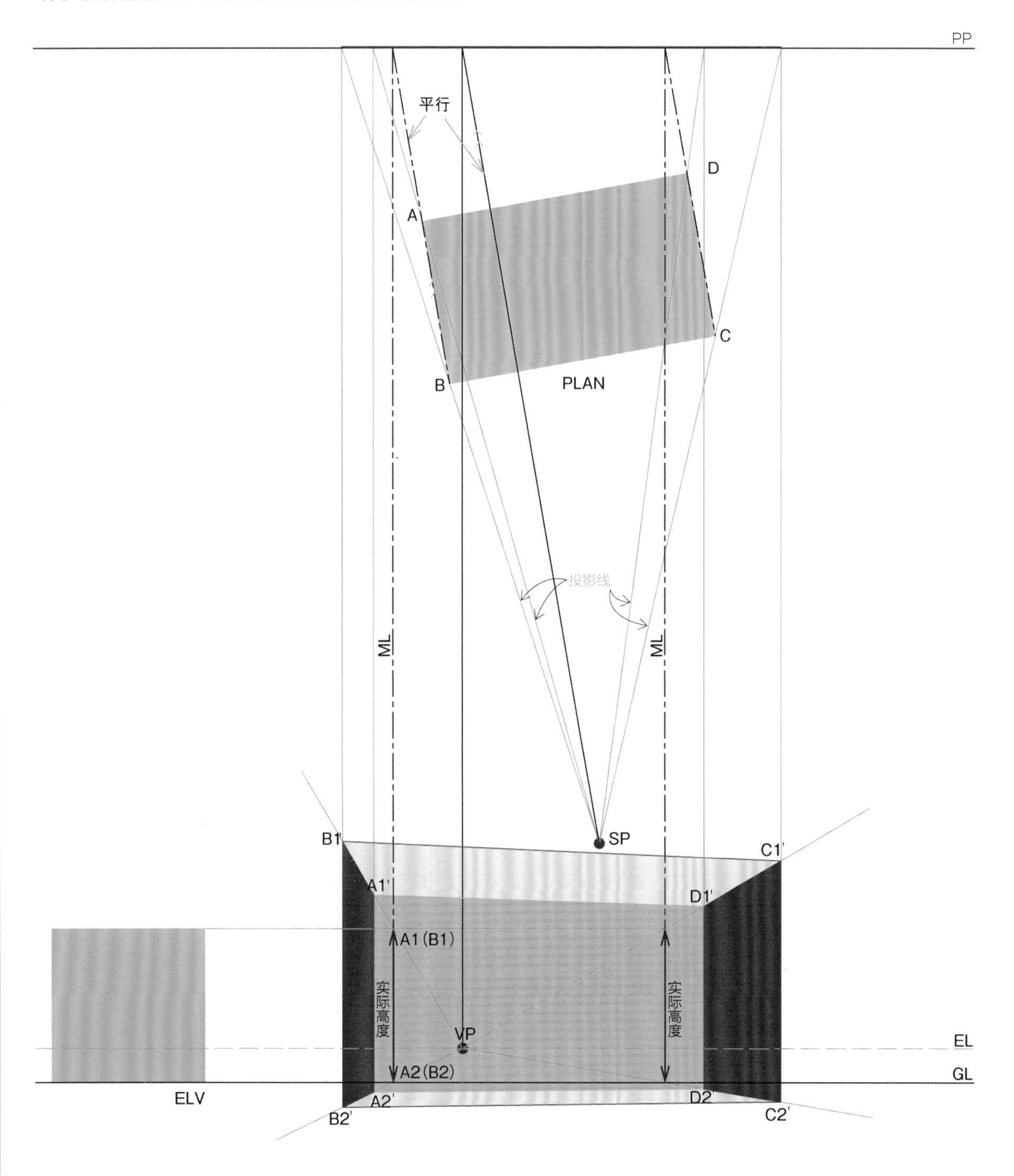

从两个消失点到一个消失点（一点透视表现的内观透视图）

把立体中的一面设置为与PP画面平行的话，就可得到一点透视图（也称为平行透视图）。

暂时不对平面进行描绘，直接从立体展开图开始描绘。

这时，在后面讲述的“倍增”的方法就得到了应用。一个消失点通常在室内装饰透视图中被使用。

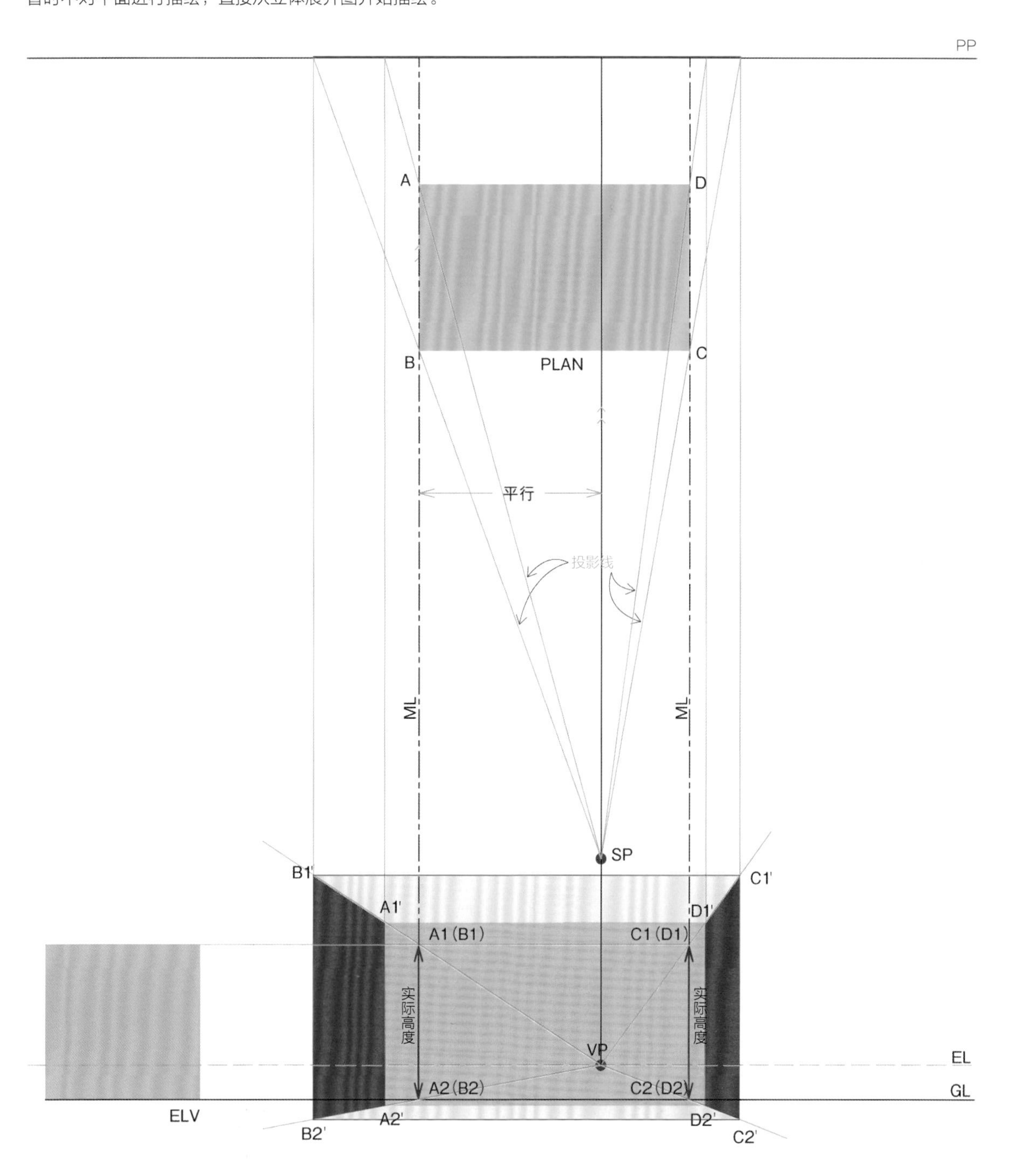

分割与倍增

经过取点制作立体图后，使用“分割与倍增”的方法，制作细节部分。
即使不一一取点，根据这个方法，也可以更加准确地描绘出透视图。在此，“对角线”是重点，通过使用对角线，让“分割与倍增”成为可能。

●—分割的方法

右图表示了分割的方法。纵向进行5等分（蓝色的线），然后分别进行连接，得出与对角线的交点，分别向横向线段方向画垂线，即可将透视图横向进行5等分。并且，从B1'向水平方向，画出比B1'C1'稍长的水平线，即测量线，分出5等分。然后，使LC1'延长并与EL视平线交于点M，分别将ML上其他5点与M相连，即可推测出5分分割的方法。此M点称为测量点。

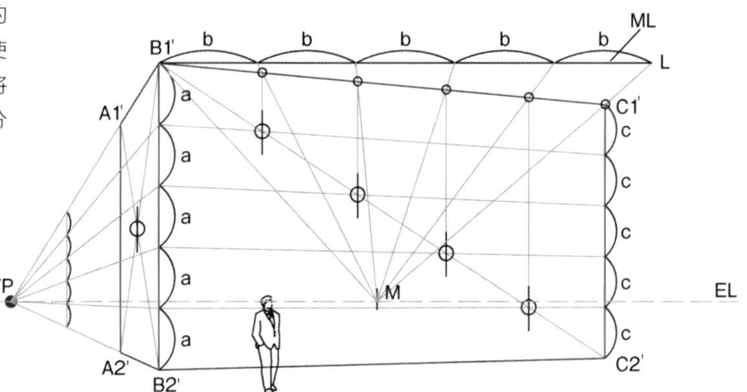

●—倍增的方法

右图表示3倍增的方法。将纵方向的线进行两等分，并推算出透视线以及对角线，即可进行倍增。

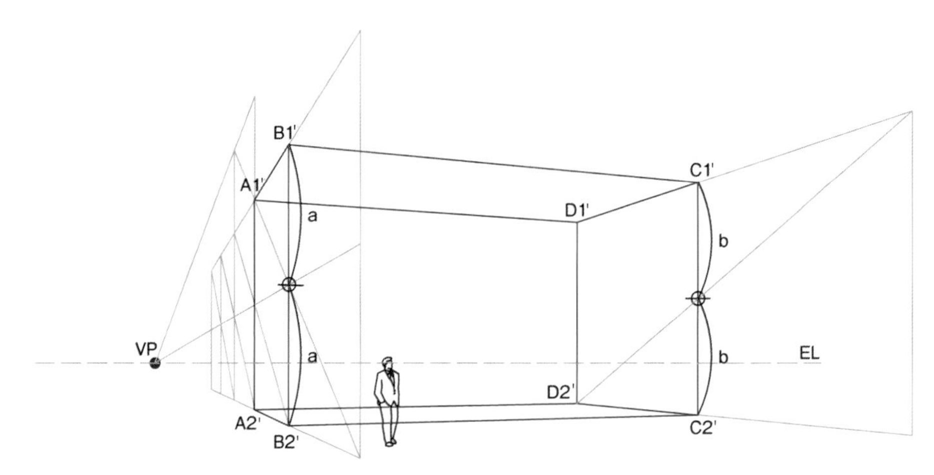

●—为了锻炼理解能力的练习

在此，通过一个练习题来加深对本章的理解。实际上用双手进行描绘才能得到更好的掌握，在透视图上进行取点也是同样。在此练习题中，EL视平线设定在比通常的视点较高的位置，因此可得到鸟瞰图或者俯视图的效果。无论视点的高度、画面的位置、建筑的角度等发生什么变化，或建筑物变得多么复杂，都无法改变取点的顺序，希望大家能够充分理解，重复同样的操作方法是非常必要的。本题中，因为左边有VP（消失点），所以只需要使用左边的VP消失点，并不断地向左边移动ML测量线。然后，在各个ML测量线上，取出实际长度，过VP画出透视线，这也是本练习题的重点。在本题中，得到的图形较小，若想复制出扩大版的图形，可继续挑战。

另外，使用物体前方的PP2画面制图时，得到的映像虽然较小，但是也同样可以得到相似的透视图像。

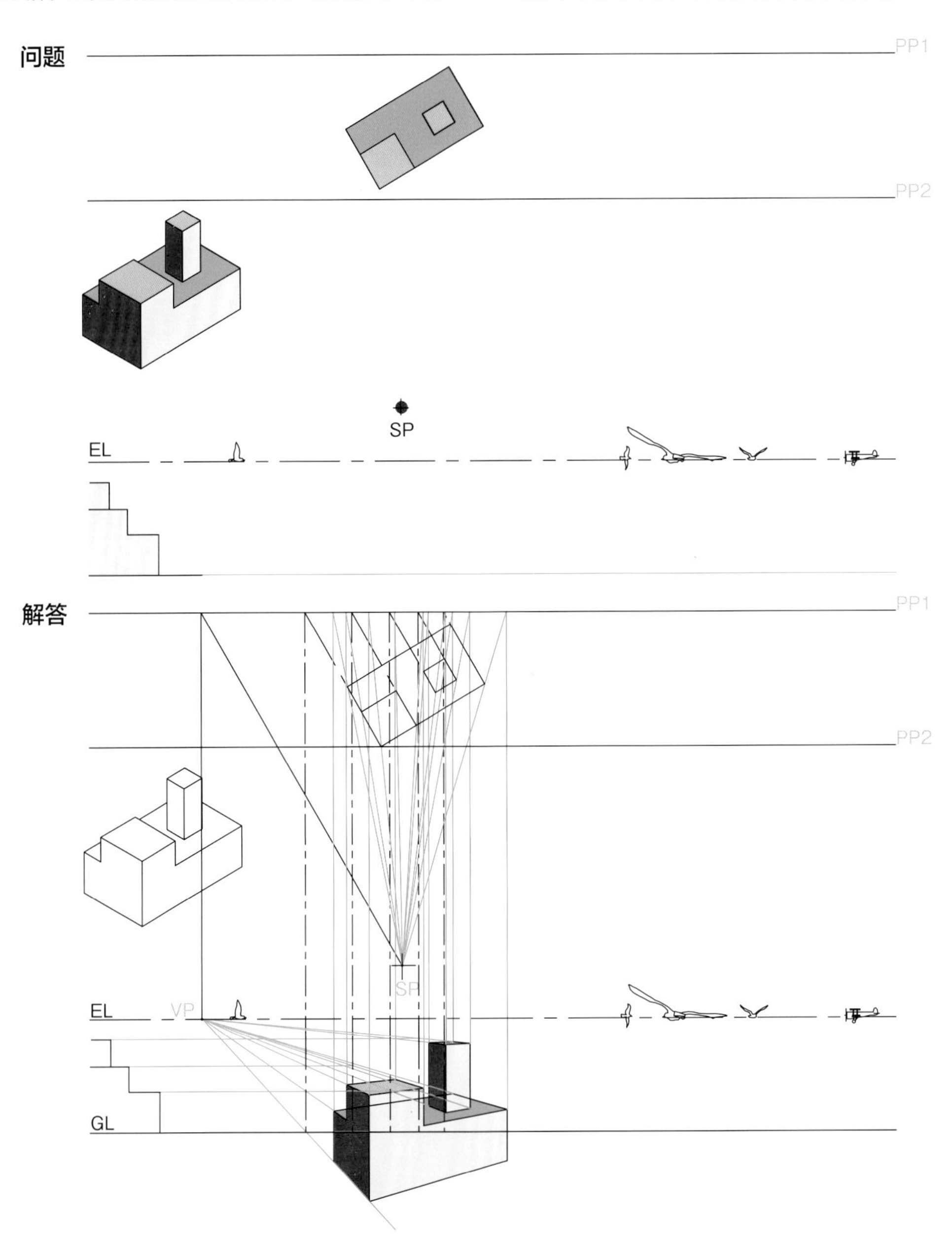

04 透视图表现

透视图表现，用于计划的初期阶段，从比较随意的图画，到非常严谨的作品，根据使用目的的不同种类也多种多样。在此，整理了笔者过去的一些作品，得到建筑透视素描和着色样例的图绘集。一旦着手画透视图，不仅建筑物本身，周边的景色都是非常重要的，人、车、树等也与中心的建筑物具有同样的价值。本章将对周边的景色图进行详细介绍，希望读者能够借鉴。
尝试着动手画透视图吧，仅仅是凝望透视图画面都可以看到以前看不到的风景。

素描篇

●—素描是透视图的基本

黑白表现是绘画的基本，素描所具有的魅力，正因为是单色才可以让表现多样化。为了不让颜色使观赏者眼花缭乱，可以依靠“形状”、“光源”、“纹理”、“比例”等直接与物品进行对话。素描也是由一支笔开始的，很简单。

●—用淡色标出重点

即使选择角度和取景都很顺畅，但是着色时一旦失败也会功亏一篑。
作为万全之计，可以以黑白为基调，对其中一部分使用淡色标出重点。接近素描的透视图，尽可能减少颜色的使用，并减少对画面进行着色。

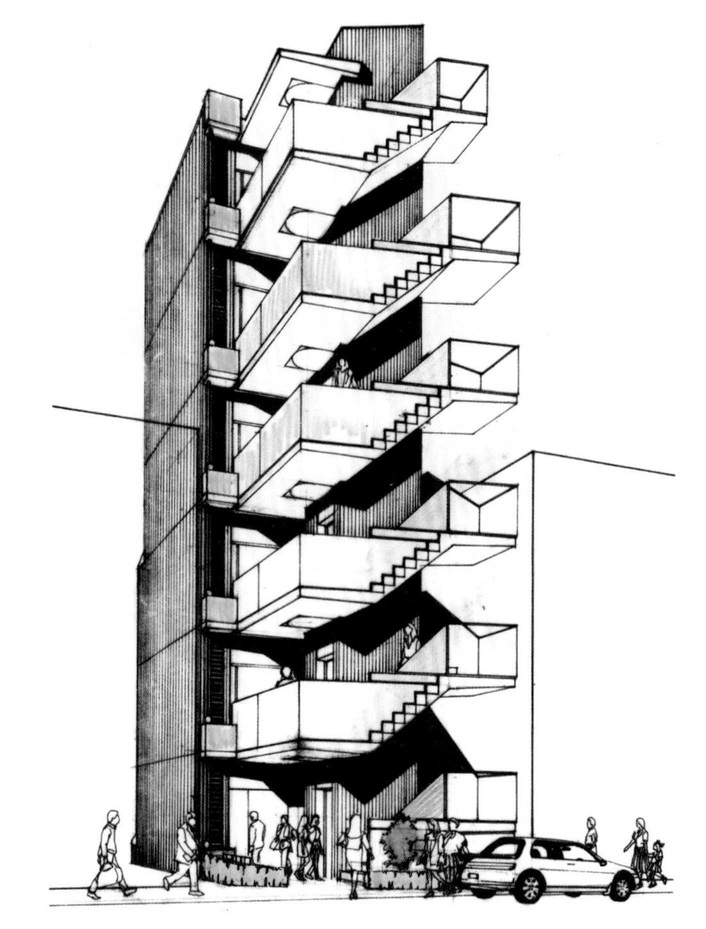

A会馆大厦。设计的重点在于对图面进行了着色（绘图纸+墨迹）

让阴影部分张弛有度

在玄关附近配置人物，表现出活跃的气氛

K群体住宅（水彩纸+铅笔+色铅笔）

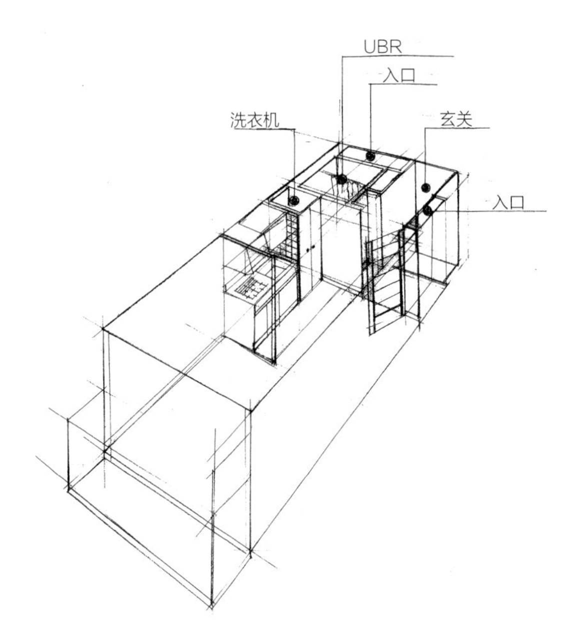

空间透视图。从上方俯视一户住宅，可以理解房间整体构成

●—用铅笔表现水泥

从正面用平行透视法描绘群体住宅的外观透视图。外墙是灌注水泥墙，利用塑料铆钉分割距离，利用水泥勾勒接缝，并在其间嵌入装饰板。

因此，通过透视图可以得知楼层高度、二层采用的水泥灌注法以及护墙也是利用水泥灌注出的等施工信息。

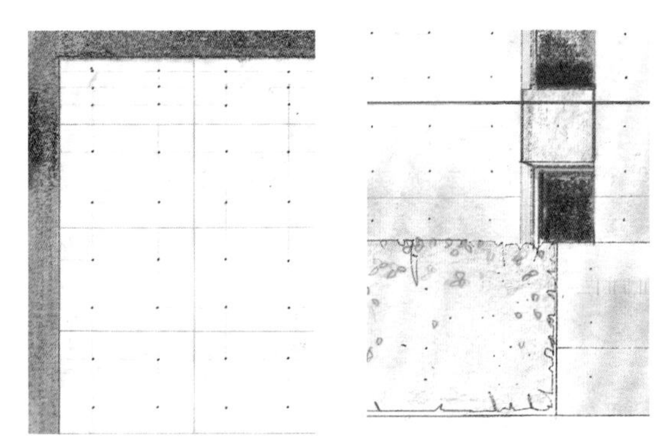

水泥面上表现喷涂标记。利用带框的模扳，可以描绘出利用塑料铆钉分割出的距离

S住宅（描图纸+墨迹）。将铅笔粉涂抹到描图纸的背面，用于表现镜面

●—用坐下来的视点进行绘画

室内透视图的视点高度，应根据房间进行选择。视点有多种，站立时的视点（H=1,500mm），坐在椅子上的视点（H=1,200mm），跪坐在地面时的视点（H＝900mm）等。根据不同的视点高度看到的房间也发生着显著的视觉变化。像上方这样的透视图，因为眼睛的高度被设定在坐下时的视线高度，因此，有机会看到更多的天花板部分。然后，利用透视图进行表现时，就可以发现，与庭院连接的部分效果很好，但与其相比，右侧墙壁与腰部齐高的部分看上去有些不自然。

Y单身宿舍（描图纸+墨迹+色铅笔+底纹）

●—用站立时的视点进行绘画

如果在绘图中插入人物，就可以知道空间的大小。这张透视图是以站立时的视点（H=1,500mm）进行描绘的。绘制带有消失点的透视图时，视线的高度与视点同样是非常重要的先决条件。

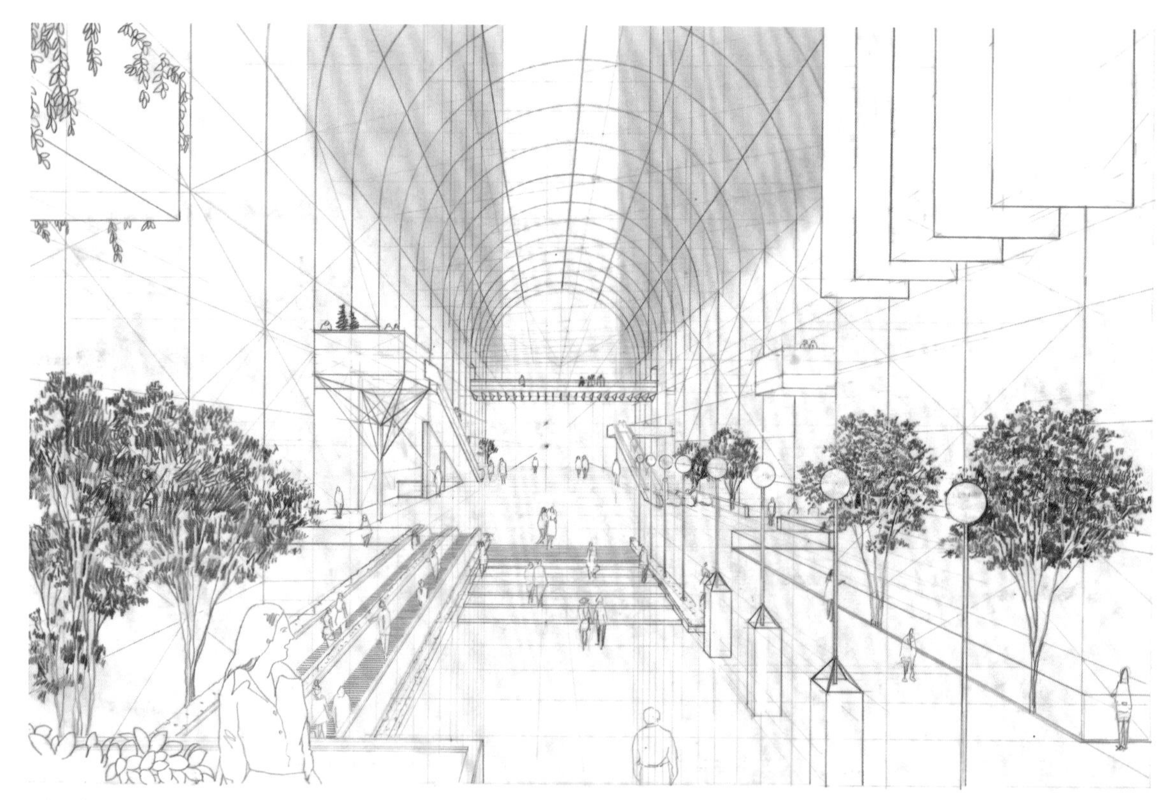

N中庭（描图纸+铅笔）

树的表现。浓重的画法非常醒目

●—在描图纸背面绘制半色调

由素描开始描绘的透视图中，要留意对半色调的绘制。利用描图纸的半透明性，从描图纸的背面开始描绘半色调的部分。可以把铅笔芯粉末擦在餐巾纸上进行涂抹。利用这种把描图纸分为正反面来使用的方法，可以描绘出具有非常微妙变化的作品。

用近景中的人物和树木打造远近感

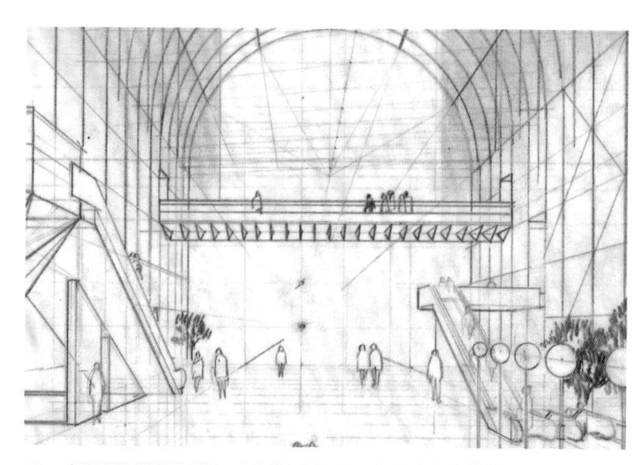

用一点透视图强调轴线，在眼前暗示出一座具有象征性的塔状物

120°
120° 120°

以倾斜角度观看立体图

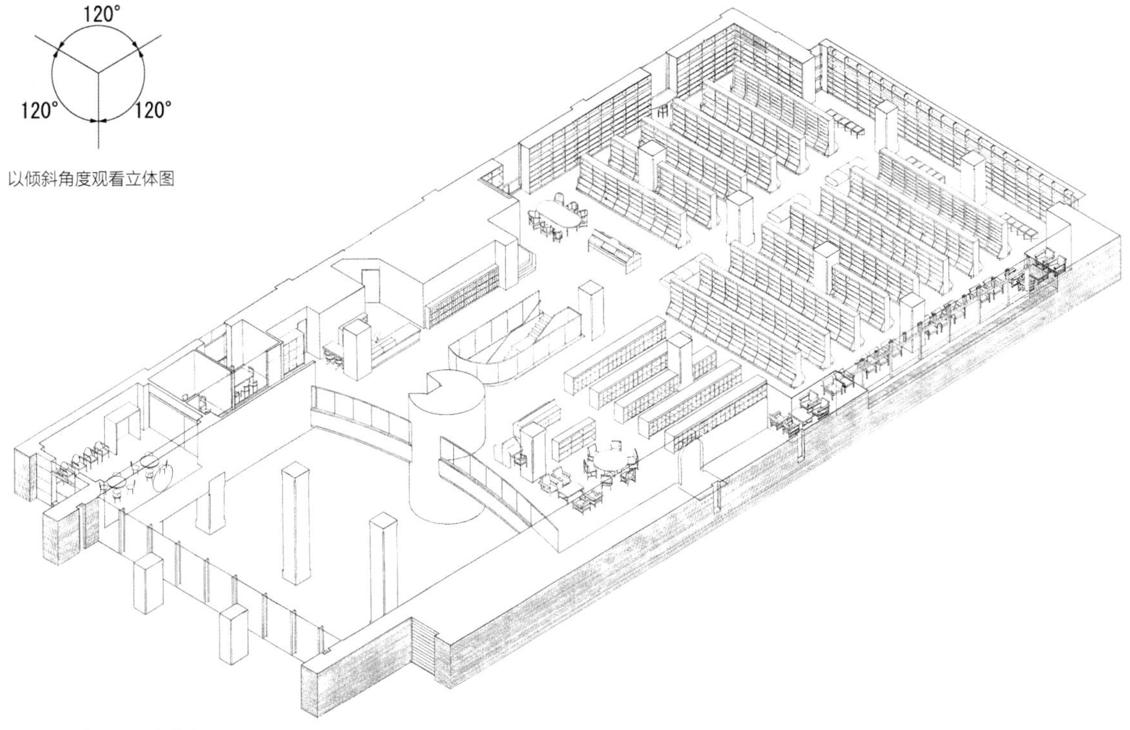

M图书馆（描图纸+铅笔）

●—用等角投影法掌握空间整体

等角投影法，是在没有消失点的三维空间中的立体制图方法之一（等角投影法是指，XYZ轴彼此的关系为等角）。利用等角投影法表现时，由于使用的是俯视平行透视法，因此对于整体的掌握及分配相互之间相等的间隔等都非常容易，这也是其显著的特征。等角投影法不像透视法那样从一个固定的视点上观看，而是通过移动视点，从多个角度观察立体并进行制图。

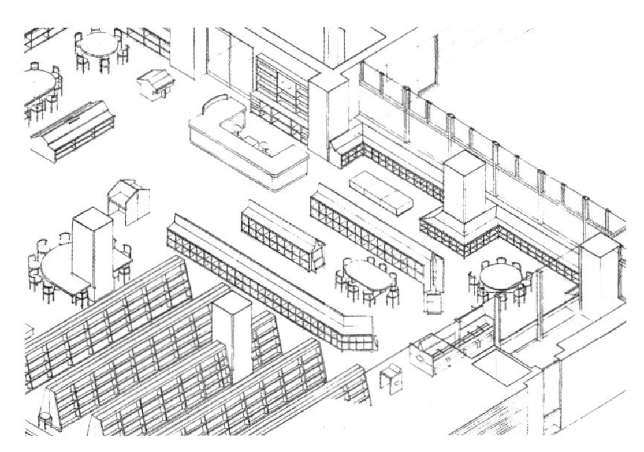

将所有的纵向线都放在与水平方向呈120° 的格子上

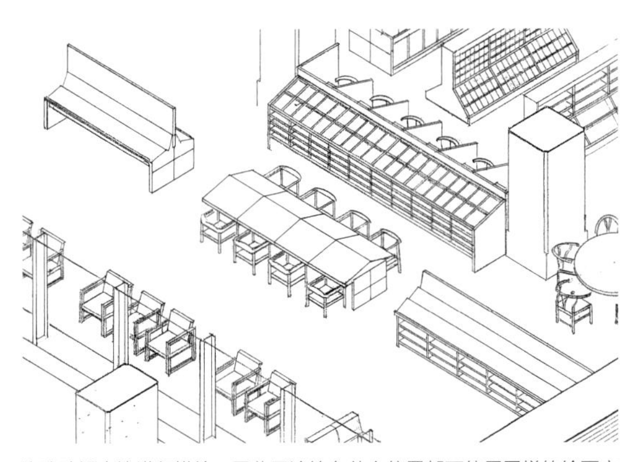

边移动视点边进行描绘，因此无论处在什么位置都可使用同样的绘画方法，画面效果都是一样的

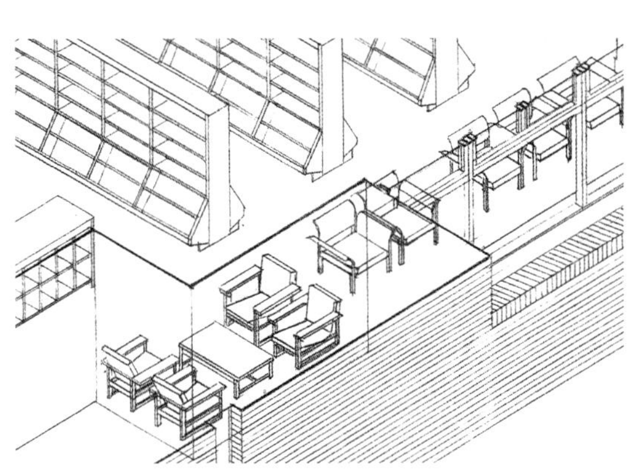

为了看到室内的家具，将画面前方的墙壁画成透明形式

●—适当添加景色，完善透视图

如果只依靠主角建筑物，透视图是不能成立的。一张透视图，作为成品为了让其更加成熟，配角（附加景色）也是非常重要的。附加景色的好坏直接影响到作品的效果，有的时候，花费在附加景色上的时间要比主建筑物还多。因为恰当的附加景色具有让主体更加引人注目的作用。

通过描绘附加景色，可以更清楚地明白建筑物的大小、用途、当时的状况、周围的环境等。为了能够描绘出适合设计本意的附加景色，需要平时注意对杂志、报纸等进行剪切、收集。尤其是人的服装、车的款式，都能够表现趣味性和时代性，所以要不断地更新信息。同时在绘制附加景色时，对日常生活的素描也可起到很大帮助。

步行人的各种表情

配上与环境气氛相符的人物

T大学的设计。周边的景色让建筑更加明显，并且富有远近感（描图纸+墨迹+底纹）

T大学的设计。适当添加景色以表现环境，并演绎出远近感（描图纸+墨迹+底纹）

树的表现。精心绘制一片一片的叶子

留有空白以表现近景

●—附加景色包括“远景、近景、中景”

附加景色作为透视图的生命线，可制造出“远景、近景、中景”。尤其远景和近景实为重要，可以更凸显立体感。适当配置附加景色，可以增加透视图的深度。

上面的两点透视图和左页的一点透视图是配对，是对同一个建筑物，变化了角度后进行描绘的。此处的附加景色勾勒出了绿色繁盛的校园景色。

●—附加景色的作用

1. 表现出远近感
2. 突出表现建筑物
3. 赋予建筑物尺寸
4. 表现周围的环境
5. 制作出透视图的画面氛围
6. 总结画面

着色篇

●—着色的基本

着色的基本是从面积大的地方开始。从淡色（或单色）开始，酌情浅浅地着上浓色（或增加颜色的种类），尤其要注意相邻接的大面积部分的配色。颜色本身没有好坏之分，需要注意的就是匹配与协调。色彩信息占人类视觉信息的大部分，比起形状、外观等，人类首先受到色彩的极大影响。对于色彩，有色相、明度和纯度三个基本属性。同时，将红色、黄色和蓝色定义为色彩三原色，以不同的比例对三原色进行调和，可以得到不同的色彩。

●—着色的顺序

1. 从大面积的部分（天空）开始着色。其次，对不受其他要素影响可以单独着色的树木开始着色，并观察其变化。然后，从外墙到玻璃部分，再把窗框部分涂为白色。

2. 为附加景色着色。使用映衬到瓦砾上的绿色为靠近建筑物的街边树木补色。但是，同样的绿色补色在近景的树木上使用时，只能用于勾勒边缘，画出轮廓即可。这幅透视图，用水彩画出了油画的感觉，若想打造出画布的感觉，可以在绘图板上打一些石膏进行预先加工。

3. 对于近景的人物、车，为了衬托出建筑物，用线表示形状，再进行绘画。这时，外墙壁以外的部分基本接近完工，画到这个程度时，外墙壁的颜色也就容易决定了。

4. 马上就进入为建筑物着色的步骤。要事先设想完工时光的方向和砖瓦纹路来下意识地配置颜色。窗框处用白色描绘。然后描绘出塔和十字架等，以起到画龙点睛的作用。最后再次调整包括外墙等在内的整体颜色。

镰仓的餐厅（水彩纸+铅笔+针笔+透明水彩）

一片一片地描绘树叶，与简化的部分分开描绘，表现出光和影的明暗变化

用浓色对前面的树木进行描绘，与明亮的帐篷形成对比

白色部分（比如窗框等）可以直接利用白色纸的特性

●—着色决定透视图的印象

在想看到的地方设置消失点。此图中将消失点设置在了道路深处安静咖啡厅的窗口处。

并且，大胆地用浓色绘制前面的树木，然后把房间前方帐篷的颜色画成黄色，与其形成对比。用写意的形式打造出粗糙的感觉。

I图书馆（水彩纸+铅笔+针笔+透明水彩）

●—充满冲击力的着色

着色时，首先从大面积的空间开始，如果是同样面积的话，从浅色部分开始着色。离自己较近的天空部分颜色较重一些，越到远处，使用淡淡的浅色会更自然。为了使左手边前面的人物和从停车场出来的汽车以及右手边远景处的汽车不过分醒目，不进行着色。

为使视线自然地投射到人物和门口处，对其进行着色

各部分的详细图。配置适合的景色到相交的位置，以凸显出主建筑

I图书馆（水彩纸+铅笔+针笔+透明水彩）

●—将前方部分透明处理

为了让隐蔽的部分展现出来，前面的书架只画线条，呈现出透明效果。这也是透视法独特的技法。在书架间的通道上设置透视消失点，可以得到一些透视的效果。

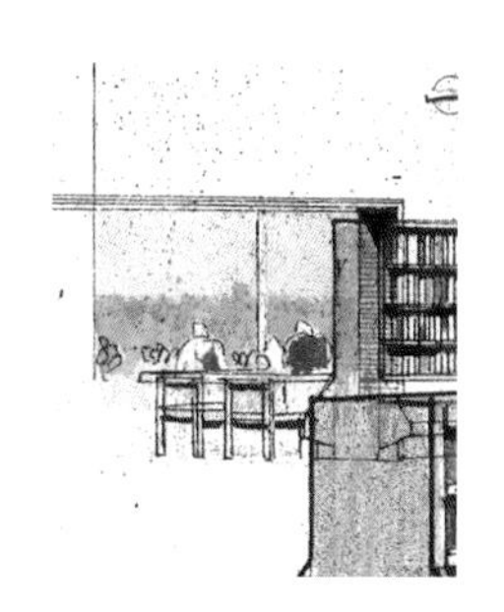

有远景即可以表现出有纵深的立体感

把隐藏在书架后面看不到的部分透明处理

透视消失点设置在书架间的通道处

绘制出透明的书架

K医科大学图书馆（水彩纸+墨迹+透明水彩）

水泥墙壁和照明设备

●—用喷枪绘图

在正面取透视消失点，得到几乎是有着一个消失点的两点透视图。从正面到背面的玻璃窗进行构图，这一最好的角度让这所建筑被表现得恰到好处。只绘出一点透视消失点的话，正面四角容易出现歪斜。依靠前面的大树和树的阴影，表现空间的进深。

从面积大的天空和草坪部分开始进行着色，在这幅透视图中先把不需要着色的地方粘贴保护胶带，然后对其他部分使用喷枪进行着色。

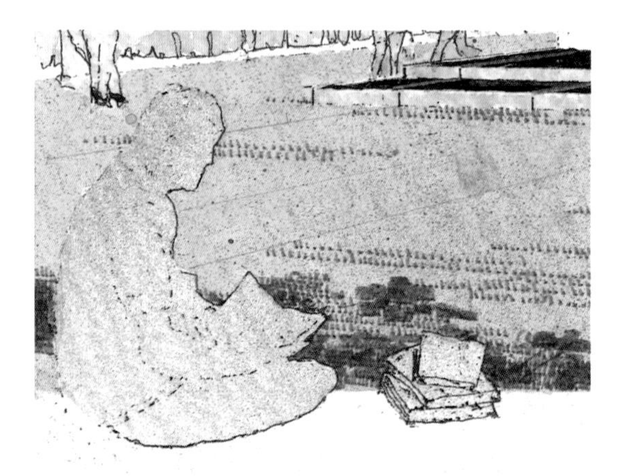

用附加景色表现建筑的用途。在树荫下读书的学生

透视消失点放置在视线最终消失的地方

Y图书馆（水彩纸+铅笔+透明水彩）

●—把视点放在远方进行描绘

不仅表现建筑，还为了表现周围的环境，刻意把视点放在远方，即可在景色中非常自然地感觉到建筑的存在。视点在近处时，非常有透视图的感觉，画面中充满着故事情节，但是如果视点在远处的话，可以表现出冷静程度和客观性。本处的重点是广阔的天空和平静水面上的色彩。调和出多种蓝色后使用喷枪对画面进行着色。

船和水面上的反射

曲面墙壁上光的反射

利用人物和建筑表现出进深

K医科大学图书馆（水彩纸+墨迹+透明水彩）

●—适当添加景色，制造热闹氛围

为了制造出场景的气氛，适当添加景色，比如人物及其呈现出的动感等都是极为重要的元素。使用针笔画上透明水彩，天空部分使用喷枪喷涂，作为部分装饰的地方，使用水彩笔进行描绘。为了绘制出这种附加景色比重较高的透视图，平时要注意对杂志或报纸上可以用于附加景色的人物、车辆等进行剪贴、收集，在此一定会发挥奇效。

添加鸽子，表现出“晴朗”好天气

添加具有动感的人物

利用气球凸显热闹氛围

Y度假村（水彩纸＋铅笔+
透明水彩+水彩铅笔）

●—俯视透视图中房顶非常重要

利用三个透视消失点进行制图。若过分地强调表现某个细节反而会使画面不自然。因为是从上空向下看，因此表现房顶和周围的环境（此处是树木）就成为了重点。
建筑物周边的树木刻意画得很粗糙，是为了更加强调建筑物本身。在此俯视图中从房顶处开始着色。

表现房顶时，不一定要全部画上底纹，可以适当省略一部分

用较粗的笔刷表现树木。时而绘制一棵重点突出的树木

●—使用电脑软件进行着色

将利用铅笔、画笔等绘制的底图扫描到电脑中，利用相关软件为其着色。此方法的优点是可以在一瞬间为底图着色，并且可以随时变换颜色。即使是同样的线条，在电脑中表现出的风格也可完全不同。利用不同的底图可以制造出各种不同的氛围，使用电脑中不同的道具进行尝试也会非常有趣。

刻意使用不具现实性的基本色作为底色，让熟悉的街景变得更新鲜（使用铅笔绘制底图，使用电脑软件进行着色）

只用单色制造空间（使用水性笔绘制底图，使用电脑软件进行着色）

只在想突出强调的部分着色。不对整张图上色，适当留有一些空白（使用铅笔绘制底图，使用电脑软件进行着色）

色彩斑斓的着色效果。用颜色表现人物服饰的多样化及空间的繁华（使用水性笔绘制底图，使用电脑软件进行着色）

后记　献给N先生

记忆中有一件事，想想就让人脸红，非常尴尬。

已经是 25 年前的事情了，当时，在一家建筑设计事务所就职的我，从 N 先生那里得到了第一份工作。

想必一定是被 N 先生认为，既然毕业于美术大学的建筑学科，就一定能够绘画。因为这份工作来得非常突然，又加上我本身喜欢绘画，当时，我想应该没什么难的，于是就轻易地允诺了 N 先生。但是基本没过多长时间，我马上就打翻了这种不负责任的想法，当确定角度、取点都结束后，我就兴致盎然地去试图涂颜色，但是，每涂一层颜色，画面就凌乱不堪以至于最后到了无法收拾的地步。过了一夜，在自然光线的映照下，再次审视自己的作品，实在无法展现于别人面前。原来我对于在照明下着色的危险性一无所知。好像被锤子敲了脑袋一样，我瞬间变得茫然所失、无地自容。但是，即使是那样的透视图，N 先生也毫无怨言地欣然接受了。这也是我画建筑透视图的原点。

如果没有这次的失败，估计我也不会像现在这样，非常投入地学习了吧。

非常遗憾的是，N 先生在几年后就去世了。

现在，为了表达我对 N 先生的缅怀和感谢，奉献这本拙笔。

同时，衷心地感谢选择阅读此书的你们。

2006 年 9 月

藤原成晓

[资料提供]

鬼头梓建筑设计事务所、藤原建筑工作室、Renovate W、藤原成晓设计室

[照片]

（株式会社）SS 东京 / 末广久诏：P34、P38、P39 左；内山雅人：P40、P41

如无特殊标注均来自藤原成晓设计室 / 藤原成晓

透视图、图片：藤原成晓

版权登记号: 01-2013-7018

图书在版编目(CIP)数据

透视表现技法 /(日)藤原成晓著；牛冰心等译.
—北京：中国青年出版社，2013.11
国际环境设计精品教程
ISBN 978-7-5153-2008-3
I. ①透… II. ①藤… ②牛… III. ①建筑制图—绘画透视—教材
IV. ①TU204
中国版本图书馆 CIP 数据核字(2013)第 259917 号

国际环境设计精品教程

透视表现技法

[日]藤原成晓 / 著
牛冰心 曾先国 李茵 乔国玲 / 译

出版发行：中国青年出版社
地　　址：北京市东四十二条 21 号
邮政编码：100708
电　　话：(010) 59521188 / 59521189
传　　真：(010) 59521111
企　　划：北京中青雄狮数码传媒科技有限公司

策划编辑：张　军　马珊珊
责任编辑：刘稚清　张　军
助理编辑：董子晔
封面设计：DIT_design
封面制作：孙素锦

印　　刷：北京瑞禾彩色印刷有限公司
开　　本：787×1092　1/16
印　　张：5.5
版　　次：2013 年 12 月北京第 1 版
印　　次：2017 年 1 月第 2 次印刷
书　　号：ISBN 978-7-5153-2008-3
定　　价：39.80 元

本书如有印装质量等问题，请与本社联系
电话：(010) 59521188 / 59521189
读者来信：reader@cypmedia.com
如有其他问题请访问我们的网站：http://www.cypmedia.com